本书获得国家社会科学青年基金项目 (No. 22CTJ019)、
北京市教育委员会科技/社科计划项目 (No. KM202210038002)
以及首都经济贸易大学青年学术创新团队 –数据科学与大数据技术研究团队
项目 (No. QNTD202109) 的资助

U0162630

网络节点异质性预测研究及其 对网络中信息–疾病耦合动力学 行为的影响

马丽丽　刘强　郭全通　裴艳波　李琳 ◎ 著

首都经济贸易大学出版社
Capital University of Economics and Business Press
· 北 京 ·

图书在版编目（CIP）数据

网络节点异质性预测研究及其对网络中信息-疾病耦合
动力学行为的影响／马丽丽等著. --北京：首都经济贸易
大学出版社，2024.5

ISBN 978-7-5638-3665-9

Ⅰ.①网…　Ⅱ.①马…　Ⅲ.①计算机网络-研究
Ⅳ.①TP393

中国国家版本馆 CIP 数据核字（2024）第 070494 号

网络节点异质性预测研究及其对网络中信息-疾病耦合动力学行为的影响
WANGLUO JIEDIAN YIZHIXING YUCE YANJIU JIQI DUI WANGLUO
ZHONG XINXI-JIBING OUHE DONGLIXUE XINGWEI DE YINGXIANG
马丽丽　刘　强　郭全通　裴艳波　李　琳　著

责任编辑	杨丹璇
封面设计	砚祥志远·激光照排　TEL：010-65976003
出版发行	首都经济贸易大学出版社
地　　址	北京市朝阳区红庙（邮编 100026）
电　　话	（010）65976483　65065761　65071505（传真）
网　　址	http://www.sjmcb.com
E- mail	publish@cueb.edu.cn
经　　销	全国新华书店
照　　排	北京砚祥志远激光照排技术有限公司
印　　刷	北京九州迅驰传媒文化有限公司
成品尺寸	170 毫米×240 毫米　1/16
字　　数	114 千字
印　　张	7.75
版　　次	2024 年 5 月第 1 版　2024 年 5 月第 1 次印刷
书　　号	ISBN 978-7-5638-3665-9
定　　价	45.00 元

图书印装若有质量问题，本社负责调换
版权所有　侵权必究

前言 FOREWORD

近年来，随着复杂网络研究的不断成熟，其在各个领域的应用越来越频繁，并展现出很好的应用效果。随着大数据时代的到来，网络规模越来越大，想要得到具体的网络结构显得越加困难，因此，对网络中一些关键特性如节点异质性的预测是十分必要的。除此之外，社交网络和新媒体等平台的大量涌现使得耦合传播动力学过程的研究具有重大的理论研究和实际应用背景，其对阻止传染病的传播、加快或者抑制信息扩散、高效搜索算法的设计等具有重要指导意义。而网络节点异质性对网络中的传播动力学行为有着至关重要的作用，本书从这一点出发，介绍网络节点异质性预测以及节点异质性在信息-疾病耦合传播动力学研究中的影响。

首先，本书较为全面地总结了网络节点异质性度量的方法，在此基础上，结合复杂网络潜在度量空间思想，提出基于潜在度量空间的节点异质性预测机制。实验结果表明，该预测机制在预测网络中较为重要的节点集合时，具有较好的效果，对提高随机攻击的破坏力及降低攻击成本有较大的帮助。其次，寻找适合多重网络上耦合传播动力学过程的模型进而深入探究其动力学本质是近年来网络科学研究的热点之一，本书围绕多重网络上信息-疾病耦合传播动力学现象的机理进行深入研究，提出了多重网络上的信息-疾病异质耦合传播模型 LACS。由于信息传播和疾病扩散呈现出不同的特征，本书用阈值模型和传染病模型 SIS 来对其分别建模。结果表明，疾病暴发阈值和最终感染比例都呈现出了特殊的两阶段现象，尤其是疾病暴发阈值在信息层阈值参数的影响下存在一个突然的相变，这对疾病的控制提出了一个全新的视角。最后，除了研究传播模型所造成的差异外，本书还研究了节点异质性对信息-疾病耦合动力学行为的影响。通过比较度度量和 K-core 度量下不同模型的结果，我们发现在 K-core 度量之下，疾病传播过程宏观上表现出对模型设置的鲁棒性，这对深入理解多平台下节点异质性对传播过程的影响具有重要意义。

目 录 CONTENTS

1 绪论

1.1 研究背景及意义

近年来，被现实中的诸如互联网、社交网络以及生物网络等复杂系统所激发，各个领域的研究者采用多种多样的技术建立了各类模型来帮助我们更好地了解这些系统[1]。尤其随着以互联网为代表的计算机和信息技术的迅猛发展，人类社会已经完全进入网络时代，其中，复杂网络作为一个跨学科的能够较好地对人类社会和自然系统中的复杂系统进行描述的手段，已经吸引了生物学、社会学、经济学、计算机、数学、物理等多学科的科学家进行深入的研究。一个复杂网络（在数学上也可以称作图）就是一个点与边的集合，点用来代表个体，而边用来表示个体间的连接[2]。就像社交网络中熟人间的联系、商业公司间的交易关系、神经网络上神经元间的耦合关系以及论文网络中的引用关系等，这些都是现实生活中复杂网络的丰富例证。具体来看，作为离散数学重要基础分支之一，图论被数学领域的专家广泛用来研究复杂网络。在社交网络领域，社会学家和经济学家采用数据驱动型研究方法，对所涌现出的经济和社会现象提供了新的分析框架[3]。在物理理论领域，量子力学和统计物理的广泛应用使得我们对复杂系统的理解有了深刻的理论基础[4]。与此同时，随着经济和文化等领域的飞速发展，人类面临着越来越多的亟须通过新方法、新技术来解决的问题。比如，如何对大规模的病毒扩散进行管理和控制，如何更好解决城

1

市交通拥堵问题,如何通过基因或生物技术对疾病进行更精准的治疗,等等。这些挑战就要求人类对各种复杂系统的结构、性质和行为有更清楚的认识,以更充分地发挥大型复杂信息系统在现代社会发展中的功能。

事实上,对复杂网络的系统性研究始于 21 世纪初,人们发现现实网络呈现出的无标度(scale-free)特性[6] 与之前研究中假设的同质性是截然不同的——真实网络中很多特征都呈现出异质性,如节点的度,导致节点在网络结构及信息传输中的重要性截然不同,这就引出了对网络中节点重要性、中心性(即异质性)的研究。除此之外,现实网络还表现出小世界(small-world)特性、社团/模块(community)、聚类(clustering)[5] 等相当复杂的局部结构特征,这些现象引发人们对真实网络的拓扑结构特性进行了更为深入的研究。由于网络结构通常可以由其上的动力学行为反映,人们进而展开了对包括渗流(percolation)[7]、传播(spreading)[8]、同步(synchronization)[9] 在内的众多动力学行为的研究。结果表明,异质性网络上的动力学行为展现了与同质性网络中极为不同的现象。因此,对综合了随机、动态、非线性三大特征且日趋复杂的网络结构和动力学行为的深入分析研究,以及针对社会需求而对网络功能的高度优化,已经成为复杂网络研究的核心问题。

近年来,对于复杂网络的拓扑特征和功能特性的研究已经成为国际上的热点问题,涉及计算机网络与信息科学、耗散结构与协同学、相变理论、非平衡统计物理学、量子统计与场论、临界现象与自组织临界性、数理统计及图论等诸多学科。尤其随着计算机科学和网络技术等多学科的相互交叉发展,大规模网络数据的获取和统计分析得以实现,基于信息技术的网络研究得到了众多领域的关注,这也为复杂网络相关理论在现实复杂系统中的应用提供了技术上的保证。

作为复杂网络上的重要动力学行为,传播现象广泛存在于现实中的各种过程中,包括传染病的扩散[10]、消息和意见的传播[11]、商品的营销[12]、政党的选举[13],甚至群体性政治事件的发生。因而,对传播现象背后的机理和传播模式进行深入的研究具有重要的现实意义和广泛的应用价值。这也吸引了世界上众多顶尖科学家的兴趣，研究范围从传播过程和传播路径的建模、对传播效率和范围的控制，到有影响力传播源的识别、高效传播策略的设计与应用、传播模式和路径的预测。不断涌现出的热点问题使得传播动力学行为成为复杂网络领域经久不衰的前沿研究课题，一系列重要的研究成果相继发表在 *Nature*、*Science*、*PNAS*、*Nature Physics*、*Physical Review Letters* 等国际顶级学术期刊上，进而不断吸引着各领域年轻学者的关注。

实际生活中，传播过程的发生具有较强的路径依赖性，如社交网络上信息的传播强烈依赖于好友关系，流感病毒的传播也需要个体间的直接接触等，所以网络的拓扑结构和性质直接影响传播的结果。研究结果也表明，现实网络所表现出的小世界特性、高聚类特性[14]、自相似[15] 及模块特化[16] 等造就了其上的传播过程呈现出异常丰富的现象。如何从纷繁的传播表象中抓取核心传播模型和重要信息，进而对该过程进行深刻分析，成为网络科学领域面临的长期挑战。此外，随着信息化进程的飞速发展，大数据时代的来临和信息爆炸性传播使得我们获取数据的能力和方法有了长足进步，从海量信息中提取和挖掘背后的价值也成为各国科学家争相追逐的热点，数据驱动型的传播问题研究也逐渐成为网络科学应用领域的重要模式。

除此之外，在大部分的自然和工程系统中，实体间复杂的相互作用能够包含多种类型的关系。这种系统包含多个子系统以及连接层，把这种多层的特点考虑进来以加深我们对复杂系统的理解是很有必要的。因此，从综合性的视角开发研究多重网络的框架和工具，进而形成一种普适的网络理论的需求也变得越来越迫切。这些尝试和努力可以追溯到数十年前并且在多重原则下形成，直至现在，作为复杂的现实世界的一种重要表达方式，多重网络已经成为网络科学领域最重要的研究方向之一。相比单层网络，多重网络表现出了更为丰富的性质，包括其拓扑结构以及发生在该结构上的各种动力学行为[17-20]。

对复杂系统上的动力学过程进行研究的一个重要原因是试图加强对重要连

接对网络上动力学过程的影响，以及相应的动力学过程如何影响网络结构的认识。这是非常复杂的，尤其对于多重网络来说，形成对这些系统的深入理解以及怎样设计控制策略来实现想要的目标是值得深入探讨的问题。目前的研究结果也表明，多重网络所表现的很多行为并不能通过对单层网络或者聚合不同网络的研究来解释，全新的现象会出现，并且在多重网络研究中的一个重要挑战就是诸如复杂性之类的特征如何影响动力学过程[21-26]。大部分多重网络上动力学研究主要采用与单层网络类似的研究方法，如生成函数和谱图理论等。与此同时，全球多个研究团队也在尝试从张量代数或者代数几何等角度出发开展研究，以期获得一个更为完整的关于多重网络上的动力学行为的理解。相关研究成果不仅使我们对耦合系统上的传播动力学过程有了更深的理解，也对我们解决现实生活中的问题起着重要的帮助作用，如增强电网系统的鲁棒性、对疾病传播进行有效控制、高效导航策略的研发等[27]，其对现实问题的应用意义也在极大推动着对该领域的深入研究。

1.2   国内外研究进展及趋势

绝大多数现实网络被发现存在异质性结构[28]，这导致网络节点展现出不同的特征，从而在网络结构及网络功能的实现中扮演着不同的角色，发挥着不同的作用[29]。现实网络中节点具有截然不同的重要性或者中心性，这就导致了复杂网络理论中对节点异质性的研究。

早期与复杂网络中节点异质性相关的研究主要集中在度量标准或者量化方法上，关于节点中心性概念的提出即是为了量化评价节点的不同作用，以分析出对网络功能实现具有至关重要作用的中心节点。节点中心性一般指的是采用某种定量的方式对每个节点对网络影响的程度进行刻画，从而来描述整个网络是否存在核心，以及存在什么样的核心。在众多的节点中心性定义中，早期主要是基于网络拓扑结构的定义[29-33]；后来，随着人们对节点中心性的认识越来越深刻以及对网络动力学过程研究的日趋深入，一些融合网络拓扑结构及动力学特征的中心性定义方法被逐步提出[33-42]；近些年，随着互联网的快速发展，社交网络充斥在人们生活中的各个方面，对个体在社交网络中地位及行为的分析显得尤为重要，社交网络中对个体节点重要性或中心性的分析也称为个体社会影响力分析[43-53]，本质上反映了节点发挥的不同作用。

在应用方面，节点异质性对网络结构、网络上的动力学过程及网络功能的实现都有着不可忽视的影响[54-56]。在节点中心性对网络上动力学行为的影响研究中，早期主要研究单层网络上节点中心性对信息传播、扩散、网络同步等动力学行为的影响。复杂网络作为描述现实各类复杂系统的重要手段，近些年来随着经济社会的快速发展，正经历着表述形式的转变。起初作为一种简化方式，单层网络被广泛用来模拟各类复杂系统并取得了较好的结果。但是，近年来，数据获取的便捷性以及数据总量的爆发性不断对单层网络的表述形式提出挑战。以当今的社交网络为例，人与人的关系已经不局限于现实生活中，我们有了多种虚拟网络平台，可以建立多种多样的关系。基于这些不同的联系，在不同平台所发生的动力学行为也表现出了极大的差异，并且，比起现实联系，虚拟网络上的信息传播更容易出现爆炸性的特点。为了更好地研究这些不同连接结构的性质以及其对复杂系统整体的影响，多重网络应运而生，并引起了来自物理学、生物科学、金融学、系统科学以及社会科学等领域学者的极大兴趣[17-26]。

近年来的研究表明，多重网络的拓扑结构与单层网络表现出较大的不同，对其拓扑性质的研究将会对现实中电网、互联网以及交通网络等复杂系统的设计有较强的指导意义。例如，由于高度的耦合性，尤其在实际中，层与层之间节点的连接存在较强的正相关，也即某一层上的中心节点存在较高的可能性也是另外某层的中心节点，这就造成了多重网络的鲁棒性较单层网络更为脆弱，不同层之间的耦合系数也造成了整个系统第二小特征值存在一个突变，而该特征值是刻画复杂网络的重要变量，该突变点的存在表明多重网络存在着异于单层网络的拓扑性质[57]。由于拓扑结构表现出的复杂性，在多重网络上发生的各种动力学行为也呈现出多样性。以交通网络为例，由于存在多重路径的选择，其表现出对随机攻击的较强稳定性，同时在其上的搜索策略也较单层网络更有效，这对解决路径探测这一关键问题具有重要的指导意义。

对多重网络上耦合动力学行为的研究是上述领域的一个重要方向，在传统的单层网络分部模型中，每个部分都被一种状态描述（分别是易感染的、感染的或者恢复的），状态间的转换由其他参数所定义，这也就构成了经典的传播模型 Susceptible-Infected-Susceptible（SIS）模型[58]和 Susceptible-Infected-Recovery（SIR）模型[59]。研究表明，疾病的传播存在相变现象：当疾病的传染概率低于某个阈值 β_c 时，疾病会迅速衰亡，不会造成大规模传播；而当疾病的传染概率高于该阈值 β_c 时，疾病会造成全局的扩散。由于多重网络拓扑结构的复杂性和多样性，其上传播动力学易存在高度耦合关系。Min[60]等人研究了存在层间交互开销的两层社交网络上的 SIR 模型，这样一种开销代表了传染病（或者信息）在层间转换的成本，并且这个观点通常而言对多重网络是很重要的，研究表明多重网络上的传播过程不能被简化为聚合的单层网络上的传播。Shai 等人[61]发现相比于负相关网络，在正相关多重网络上的 SIR 模型能够导致一个更低的暴发阈值。Cozzo 等人[62]使用接触–传染病（contact-contagion）的范式对 SIS 传播模型进行研究，他们计算所得的暴发阈值等于接触概率对应的超邻接矩阵的谱半径的倒数。Sanz 等人[21]则从网络上的竞争性疾病（competing contagion）传播入手，基于双层网络使用一种 SIS 模型的拓展来研究不同疾病之间的相互影响，本质思想是某个个体节点在一种疾病下的感染与恢复状态之间的转变，与该节点在另外一种疾病下的状态密切相关。这些研究从各个方面展示了耦合结构所带来的丰富传播动力学现象，并为后续的研究指明了新的方向。

就多重网络而言，其最为明显的就是多层（多平台）之间的耦合性质，而每层上的传播动力学过程也都可以是相异的。基于这个认识，近年来针对不同耦合传播动力学过程相互作用的研究成为学界的重要关注领域。由于在疾病实际传播过程中，人们常常会根据信息的传播而采取相应的措施，所以对疾病与信息两个传播过程的交互作用研究成为该领域的前沿阵地。Funk 等人[63]首次提出了一个耦合的信息-疾病（information-contagion）传播模型，该模型假设获得信息较多的节点会有一个削弱的感染性，这类似于当我知道要接触的人已经感冒时，我可能会通过戴口罩等途径减小被传染的可能性。C. Granell 等学者[64]则建立了一个微观马氏链（MMCA）的全新框架，系统分析了信息与疾病传播的相互作用。在单层网络范式下，传播模型主要分为两类：独立交互模型（independent interaction models）和阈值模型（threshold models）。独立交互模型基于人群均匀混合假设，即人群中人与人接触概率相同进而相互传染的概率是独立的，不受其他邻居节点的影响。阈值模型指只有当邻居节点传递给该节点的比例之和超过了该节点可以忍受的阈值条件时，该节点才会接受或者被传染。例如，疾病传播过程中，每个个体都是有自身不同的抵抗力的，因此即使接触到传染源，也并不都会被传染，只有当个体周围传染源传给该个体的病毒总量超过该个体自身的抵抗力时，该个体才会被传染。在信息传播过程的研究中，阈值模型主要用来研究级联效应，即触发很少的源点就可以使传播通过级联现象扩散到全局[65]。另外，根据不同模型所适用的传播行为，Guo 等人[66]从不同传播模型的耦合角度深入研究了信息-疾病传播之间的相互作用。传播的丰富特征使得耦合动力学行为存在多种组合，而不同组合的现有研究所揭示的奇特的现象对解释经济社会生活中的一些真实情况起到了重要的作用。

以上问题的研究极大地丰富了多重网络的内涵，也提供了研究耦合动力学过程的新思路和新方法，研究结果对指导建立更加真实的网络分析框架和在现实中的工程应用具有重要价值。

1.3 本书的组织结构

本书的组织结构如下：

第 1 章是绪论部分。1.1 节介绍了复杂系统的网络表示方式以及现实网络的节点异质性等共同特性，重点介绍了复杂网络中传播现象常用的研究框架，以及多重网络上传播动力学的研究背景和研究意义。1.2 节介绍了网络节点异质性研究现状及应用、多重网络上耦合传播动力学的研究现状、最新成果和研究趋势，以及基于传播的其他主要动力学过程的研究成果和趋势。1.3 节对本书的组织结构进行了简要说明。

第 2 章介绍了网络中节点异质性的度量方法及基于网络潜在度量空间思想的节点异质性预测机制。2.1 节介绍了节点异质性及复杂网络潜在度量空间思想的研究背景、研究进展及研究的重要性，揭示节点异质性是现实网络的普遍特性，其对网络结构、网络中的动力学行为以及网络功能的实现都有着关键作用，是网络研究中非常重要的部分。2.2 节介绍了目前关于节点中心性的度量方法，包括基于网络结构的常规方法、基于网络中动力学行为的度量方法，以及社交网络中作为节点的个体（人或团体组织等），其影响力的特殊度量方式。2.3 节介绍了基于网络潜在度量空间思想构建节点中心性预测机制。首先详细介绍了复杂网络潜在度量空间的一维圆环及双曲空间两种模型，之后在此基础上提出无法获得网络具体结构信息的前提下基于潜在度量空间预测节点中心程度的预测机制并进行相应的数值模拟，以验证机制的有效性。2.4 节对本章的内容进行总结和讨论。

第 3 章研究了多重网络上的信息–疾病耦合传播动力学过程，通过对不同传播过程采用不同模型得到了耦合传播上的两阶段现象，并对该现象的起因和现实意义进行了详尽分析。3.1 节总结了信息–疾病耦合动力学过程的研究背景、经典模型以及已经取得的成果。3.2 节介绍了我们提出的多重网络上的局部感知控制传染病传播模型（LACS）。3.3 节就该模型我们所采用的微观马氏链（MMCA）分析框架进行了详细阐述。3.4 节针对疾病暴发阈值和传染节点比例做了大量仿真结果以验证分析框架的准确性，确认了本模型会导致传播过程呈现两阶段现象，并通过对 1D 环模型的分析揭示了两阶段现象出现的深层原因。此外，我们还补充了在其他多种多重网络之下的仿真结果，并与经典的信息-疾病传播模型进行了比较。3.5 节对本章的内容进行总结和讨论，并阐述了该模型对现实传播结果的解释意义。

第 4 章主要研究节点异质性对多重网络上耦合传播动力学的影响，我们采用了度度量（degree centrality）和 K-core 度量（K-core measure），分别在基于不同假设的三个信息-疾病耦合传播模型之上进行研究。4.1 节主要介绍节点度度量及 K-core 度量在耦合动力学领域的研究现状。4.2 节介绍了不同度量下多重网络的异质性 LACS 模型。4.3 节对在不同模型下的耦合动力学过程进行描述，并通过使用微观马氏链（MMCA）方法求得疾病暴发阈值。4.4 节主要对人工合成的多重网络上的耦合动力学过程进行仿真模拟，包括两层相同网络结构（层间最大正相关）及两层不同网络结构（层间无关），并对两种情况下呈现的不同现象，尤其是在 K-core 度量下传播过程所表现出的鲁棒性进行解释。4.5 节利用 HIV1 的实际数据，再一次验证本模型在生成网络上的结果。4.6 节主要对本章内容进行总结，并对该方向的后续工作进行展望。

第 5 章是上一章研究的扩展，我们专门针对在线社交网络上的信息传播提出了一个新的信息动态竞争传播模型，并进一步研究了 K-shell 节点异质性度量在该模型中的影响作用。5.1 节是对社交网络上尤其是在线社交网络上信息竞争传播方面的相关介绍。5.2 节介绍了本章研究所用到的数据集基本情况。5.3 节是对我们所提出的信息动态竞争传播模型的介绍与分析。5.4 节是数值模拟及分析。5.5 节则是对本章内容的总结和讨论。

第 6 章是对本书全部内容的总结，回顾所研究的问题、研究所采用的方法以及取得的创新性成果。同时，本章还对多重网络中耦合动力学的研究方向进行了讨论和展望。

2 网络节点异质性研究

本章介绍体现网络节点异质性的节点中心性的常规定义及社交网络中延伸出去的定义方式，阐明节点中心性度量对网络结构、动力学行为、网络功能实现的重要作用。在此基础上，提出在大数据时代无法具体得知网络结构的前提下，基于复杂网络潜在度量空间思想的网络中枢纽节点的预测机制，并验证该机制在提高对网络的随机攻击的破坏力、大幅降低攻击成本方面的效果。

2.1 引言

我们在上文提到，经过研究发现，现实网络基本表现出明显的异质结构，在网络研究领域，这被称为现实网络的无标度特性，其度分布服从幂律分布 $p(k) \sim k^{-\gamma}$，其中 k 表示节点的度，γ 称为幂指数，并且研究发现现实网络的幂指数一般在 2 和 3 之间[6]。现实网络的无标度特性意味着网络中绝大多数节点是度较小的节点，度较大的节点仅是少数节点，我们称其为网络的枢纽节点（hub 节点）。这种节点间非常大的度差异导致节点在网络结构、动力学行为及网络功能实现中扮演着不同的角色、发挥着不同的作用，这就引发了对节点异质性的研究。

早期关于节点异质性的度量主要基于网络的拓扑结构，如节点的度中心性（degree centrality，DC）[29]、中介中心性（betweenness centrality，BC）[29,33]、亲密中心性（closeness centrality，CC）[29]、特征中心性（eigenvector centrality，

10

EC)[30,31]、子图中心性（subgraph centrality，SC）[32] 等；后来，随着对网络上动力学行为研究的深入，融合网络结构和动力学行为的度量方式被逐渐提出，如基于流的节点中心性（flow-based centrality）[33]、随机游走中心性（random-walk centrality）[35]、能量中心性（power centrality）[34]、信息中心性（information centrality）[36] 等。社交网络是复杂网络中的一种。近些年来，随着互联网的快速发展及数据分析能力的大幅提高，学者对社交网络有了更为深刻的认识，研究发现社交网络中重要性较高的个体节点对网络中的信息传播有着至关重要的作用。社交网络中个体节点的重要性研究是社交网络研究领域的一个重要方面，个体节点的重要性被称为个体社会影响力，本质也是要度量个体节点的重要程度，从而量化个体节点的异质性，因此，基本的个体社会影响力的度量方式就是节点中心性基于拓扑结构的度量方式；但是，由于社交网络本身的特殊性，个体的行为、爱好等特征以及其历史行为对社交网络都具有不可忽视的作用，因此，在社交网络研究领域，关于个体节点中心性的定义扩展到融合个体特征、个体行为以及个体间交互信息等因素的定义方式[67-73]，这属于社交网络中节点异质性研究的特殊方式。

上述节点中心性的度量基本都需要首先得知网络的具体结构。但是，随着大数据时代的到来，数据量越来越大，导致网络规模大幅增加；系统复杂度越来越高，导致网络结构越来越复杂。因此，想要获得大规模复杂网络的具体结构变得越来越困难。实际上，早在 2009 年，就已经有学者注意到了某些网络结构难以获取导致无法进一步研究的问题。美国研究机构 CAIDA（The Cooperative Association for Internet Data Analysis）的著名计算机与物理学家 Boguñá、Krioukov 与 Claffy 提出了复杂网络潜在度量空间的思想[74-76]，指出绝大多数大型复杂信息或技术网络可以被嵌入一个底层的度量空间中，进而对网络结构、动力学过程及功能的研究可以转化为潜在度量空间上的近似研究。该思想对分析复杂度较高的系统非常有效，目前在脑科学领域得到了丰富的应用[77-80]。在复杂网络潜在度量空间的思想提出之初，由于当时数据分析技术有待提高，人们能做到的仅是给定合适的度量空间模型，去生成可视网络结构，使得其与真实的现实网络极为相似，无法做到给定一个现实网络，去把它潜在的度量空间模型找出来，所以当时也只是有 WS 小世界网络模型、BA 无标度网络模型之类，把复杂网络潜在度量空间思想作为现实网络生成和演化的模型进行分析和研究，并命名为 PSO 模型（popularity - similarity - optimization model）[81]。随着大数据时代的到来，数据分析技术迅速发展，逐渐有研究者提出有效的算法[82]，用于给定一个现实网络，去把其对应的潜在度量空间找出来，从而得到各个节点在潜在空间上的性质，以近似研究该现实网络在后期演化过程中网络结构、网络上的动力学行为以及网络功能的实现等。

另外，研究发现，现实网络中节点的异质性与网络的鲁棒性及网络中的动力学过程密切相关：现实网络中的枢纽节点起到了维护网络结构鲁棒性的作用，即当随机地攻击网络中的部分节点时，并不会对网络结构造成巨大的破坏，其仍然能够维持基本的网络功能；另外，在网络中的疾病、舆论等信息传播方面，枢纽节点会对传播过程起到较大的推波助澜作用。因此，对网络节点异质性的研究是十分必要的。

本章第 2 节对网络节点异质性的常规度量方式进行了介绍，第 3 节中我们提出了一种基于网络潜在度量空间思想预测节点异质性的机制，并用于对网络的随机攻击中，探究该机制下随机攻击的破坏程度，第 4 节是对本章内容的总结。

2.2　网络节点中心性度量

网络节点异质性可以通过节点中心性或者重要性度量。从复杂网络研究之初，节点中心性或者重要性就是网络研究的重点之一，发展到现在已经有很多种定义方式，大致分为基于节点度的、基于网络中路径的、基于网络中模块（社团）结构的、融合网络中动力学行为的等，并且在一些具体类型的网络中也出现了一些根据网络特点定义的特殊的度量方式，如社交网络中的个体社会影响力。

2.2.1　基于度

2.2.1.1　度中心性（DC）

节点 i 的度中心性/度定义如下[29]：

$$C_D(i) = \frac{k_i}{N-1} \qquad (2-1)$$

其中，k_i 表示节点 i 的度，N 表示网络中节点的总数，即网络规模，因此上式中（$N-1$）为归一化因子。

现实中有很多度越大的节点发挥的作用越大的实例，最常见的就是疾病传播类网络，在度较大的节点被感染之后，疾病往往会大规模地暴发，对整个网络产生巨大的打击。因此，节点的度中心性衡量的是节点对促进网络中传播过程所发挥的直接作用，或者说考察的是节点的直接社会关系。另外，我们知道，在有向网络中，按照边的方向，节点的度又分为出度和入度。节点的出度可以理解为一个节点对其他节点的影响程度或该节点在网络中的活跃度，如在微博中某个体所关注的用户个数；节点的入度则标志着该节点受欢迎的程度，如微博中关注某个体的用户个数。

在国内，乔少杰等人在电子邮件数据中利用用户个性特征的正态分布模型模拟真实的邮件通信行为，发现犯罪网络的核心成员[73,83]。在国外，Nascimento[73,84]等人在学术合作网络中将论文数量和引用数量作为衡量一个作者影响力的重要标志；Cha[73,85]等人为了度量 Twitter 中个体的影响力，分别计算了关注网络、转发网络、提及网络中点的度中心度；Pal[73,86]等人同样分析的是 Twitter 数据集，但是考虑的是个体的发帖数、回复数、被转发数、被提及数以及粉丝数目，分别计算个体的转发影响力、被提及影响力和扩散影响力等。

2.2.1.2 特征向量中心性（EC）

度中心性直观考虑节点产生的直接或短程影响，即考察节点的直接关系，比较直观地衡量一个节点的影响力，计算开销相对较小，但针对大规模的网络，其将忽略部分有影响力的个体。比如，虽然我不是重要人物，但是我的朋友中可能有重要的人物，根据网络中的"三度影响力原则"[87]，我在网络中的影响力不可忽视。基于此，对度中心性的一种改进方式是节点的特征向量中心性/度，其定义方式如下[30,31]：

$$e_i = \frac{1}{\lambda} \sum_{j \in nn(i)} e_j \tag{2-2}$$

其中，e_i 为节点 i 的特征向量中心性，λ 为一常数，$nn(i)$ 为节点 i 的邻居节点集合。由式（2-2）推导可得 $Ae = \lambda e$，A 为网络的邻接矩阵，e 为网络中所有节点的特征向量中心性构成的向量，由矩阵知识可知，e 为矩阵 A 关于特征值 λ 的特征向量，这也是特征向量中心性名字的由来。

节点的特征向量中心性是度中心性的扩展，同样反映节点对促进网络中传播过程所起到的作用。

2.2.1.3 子图中心性（SC）

子图中心性/度是度中心性的另外一个扩展，除了考虑节点自身及其邻居节点对网络传播的影响之外，节点的子图中心性还将节点所在的所有子图中的其他节点对网络传播的影响融入对该节点中心程度的度量中，相对于 DC 和 EC，其考察的是节点更为长程的影响[32]。

2.2.1.4 K-壳（K-shell）

2010 年，Kitsak 等人研究了 K-核（K-core）分解在判断节点传播能力中的应用[88]。K-核（K-core）是网络中所有度值不小于 K 的节点组成的连通片，属于 K-核但不属于（K+1）-核的所有节点就是 K-壳（K-shell）中的节点。

对于图 2-1 中的网络，K-core 分解的过程如下：首先，将网络中度为 1

的节点及其所带的边摘除，直到网络中所有节点的度均大于 1，被摘除的节点即为 1-壳（1-shell）中的节点，而剩余的节点为 2-核（2-core）中的节点；接着，将度为 2 的节点及其所带的边摘除，同样直至网络中剩余节点的度均大于 2，被摘除的节点构成 2-壳（2-shell），而剩余的节点为 3-核（3-core）中的节点；依此类推，即可得到各个节点的 K-shell 值。

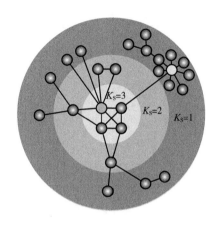

图 2-1　K-核（K-core）分解示意图[88]

由以上过程不难看出，K-壳中所包含的节点的度必然满足 $k \geqslant K_s$，而网络中的所有节点都有唯一的 K-shell 指标，用来描述节点在传播过程中的重要性。用 K-shell 来衡量网络中节点对传播的影响程度，是目前为止被广泛认可的一种度量方法。

2.2.2　基于路径

2.2.2.1　中介中心性（BC）

节点中介中心性/度的定义主要依赖于通过该节点的最短路径的数目，其反映的是节点对网络节点间信息交流的潜在控制能力，可以用来分析节点对信息传播的影响，即节点在多大程度上处于其他节点的中间，是否发挥出"中介"作用。其定义形式如下[29,33]：

$$C_B(i) = \frac{2}{(N-1)(N-2)} \sum_{\substack{j<k \\ j, k \neq i}} \frac{g_{jk}(i)}{g_{jk}} \tag{2-3}$$

其中，$C_B(i)$ 为节点 i 的中介中心性，N 为网络规模，g_{jk} 表示节点 j 与节点 k 之间最短路径的条数，$g_{jk}(i)$ 表示节点 j 与节点 k 之间经过节点 i 的最短路径的条数，$\dfrac{2}{(N-1)(N-2)}$ 为归一化系数。

2.2.2.2 亲密中心性（CC）

节点的亲密中心性/度也称紧密中心性/度，其定义形式如下[29]：

$$C_c(i) = \frac{\dfrac{1}{\sum\limits_{j=1}^{N} d(i, j)}}{\dfrac{1}{N-1}} = \frac{N-1}{\sum\limits_{j=1}^{N} d(i, j)} \tag{2-4}$$

其中，$C_C(i)$ 为节点 i 的亲密中心性；N 为网络规模；$d(i, j)$ 表示节点 i 与节点 j 在网络中的距离，而一般情况下，网络中节点间距离往往是通过节点间的最短路径长度来表征的；$\dfrac{1}{(N-1)}$ 为归一化因子。

由定义式可知，节点与其他节点间的距离越近，节点的中心程度越高，这也是其被命名为亲密中心性的原因。与中介中心性恰好相反，节点的亲密中心性反映的是节点逃离其他节点潜在控制的能力，可以用来分析节点通过网络对其他节点的间接影响力。

2.2.3 基于模块/社团结构

网络社团也即模块（community）结构，是现实网络中普遍存在的结构特性，即现实网络基本存在较为明显的模块/社团结构，这在社交网络中尤为突出，体现着"人以群分"的人类社会发展规律。在在线社会关系网络的社团结构下，如果某人的朋友分属的社团的种类多，说明该人活跃在多种人群之中，其能够获得的消息种类相对较多，能够受其传播消息影响的人群构成较为复杂，其对整个社交网络信息传播的影响也会相对较为明显，而朋友数量虽多但是社团组成单一的人，对其他距离较远社团中的人的影响有限。基于此，有学者提出了基于社团结构的节点中心程度度量思想：可以用与某个节点直接相连的模块/社团的数目来衡量该节点的传播能力，称为该节点的 V_c 值[89]。

在图 2-2 所示的网络结构下，该网络被分成了 4 个模块，根据节点 V_c 值的定义，V_c 值最大的节点是节点 2，其 V_c 值为 4，经过计算发现，该网络中度最大的节点为节点 16，K-shell 值最大的节点为节点 4、节点 5 和节点 6。这说明，在比较网络中节点的重要性时，通过不同的度量指标得到的排序结果并不一定一致，而每种指标在涉及网络的结构时，都从某一个角度对于网络的某一方面的结构特点进行刻画，因此得到的重要节点并不一定相同。

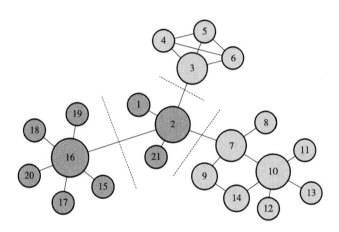

图 2-2 V_c 值示意图[89]

2.2.4 基于网络中动力学行为

以上介绍的节点中心性度量都仅基于网络拓扑特征给出的定义。随着人们对节点中心性越来越深刻的认知以及对网络动力学过程日趋深入的研究，一些融合网络拓扑及动力学特征的中心性定义方法被逐渐提出，如借助于节点的信息、物质或者能量流量来评估节点的重要程度的能量中心性（power centrality）[34]，借助网络随机游走过程来定义节点的随机游走中心性（random-walk centrality）[35]，以及节点的信息中心性（information centrality）[36]，等等。由于涉及的内容较多，本书不再进行具体扩展，请读者自行查阅相关文献。

2.2.5　社交网络中的个体社会影响力度量

社交网络作为复杂网络研究中的一个特殊领域，人的参与使得相关问题变得更加复杂。在社交网络研究领域，随着 Twitter、微博等大量在线社交网络的出现，一些更能综合在线社交网络中的节点即个体特征和网络结构的节点中心度度量方法被逐渐提出并不断完善，称为社交网络中的个体影响力度量[67-73]。

2.2.5.1　融合个体特征的个体社会影响力度量

此部分将介绍 HITS 算法、PageRank 算法以及由 PageRank 延伸出的 People Rank 算法。HITS 算法和 PageRank 算法均为万维网中的搜索引擎算法。万维网搜索引擎是为用户提供万维网信息检索服务的一种工具，如百度、谷歌等，它能够根据用户输入的查询内容迅速反馈出万维网中与之相关的网页，并按照重要性的大小将这些相关的网页排序之后，反馈给用户。HITS 算法和 PageRank 算法在原理上有些类似，既考虑网页本身的链接数，也考虑所链接网页的权威性，不过它们在概念模型、计算思路以及技术实现细节上有明显的不同之处。

（1）HITS 算法

HITS 算法的全称是"基于超链接的主题搜索"（Hyperlink-Induced Topic Search），于 1999 年由康奈尔大学的 Jon Kleinberg 提出[90]，其基本思想是每个网页的重要性由两个指标刻画：权威性（authority）与中心性（hub）。权威性网页从链接结构来看是被大量的链接所指向的，也就是被大量的网页创建者所认可的网页；中心性网页则会指出大量网页，向用户推荐与主题相关的大量网页（如图 2-3 所示）。

在现实情况下，一个网页的权威性与中心性之间存在着一种依赖关系：

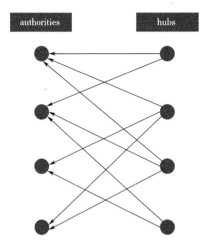

图 2-3 HITS 算法中评价重要性的两个指标:

权威性（authority）与中心性（hub）（来自互联网）

一个好的中心性网页会指向很多好的权威性网页，而一个好的权威性网页会被很多好的中心性网页所指向。上述关系构成了 HITS 算法中权威性（authority）与中心性（hub）的线性关系的思想基础，从而得到了 HITS 算法的迭代模型:

$$a^{(t+1)}(v_i) = \sum_{v_j \in inlink[v_i]} h^{(t)}(v_j)$$

$$h^{(t+1)}(v_i) = \sum_{v_j \in outlink[v_i]} a^{(t)}(v_j) \tag{2-5}$$

将 HITS 算法思想应用于有向社交网络，如 Twitter、微博等在线社交网络，v_i 表示网络节点也即社交网络中的个体；$a^{(t)}(v_i)$ 表示个体 v_i 在 t 时刻的权威性的取值，$h^{(t)}(v_i)$ 表示个体 v_i 在 t 时刻的中心性的取值，二者用于描述 t 时刻个体在社交网络中的特征；$inlink[v_i]$ 表示网络中指向节点 v_i 的个体集合，其规模即为节点 v_i 的入度；$outlink[v_i]$ 表示网络中被节点 v_i 所指向的个体的集合，其规模即为节点 v_i 的出度。

式（2-5）经过推导之后的矩阵形式为:

$$a^{(t+1)} = A^{\mathrm{T}} h^{(t)}$$

$$h^{(t+1)} = A a^{(t)} \tag{2-6}$$

Kleinberg 给出证明，对于任意给定的概率向量 z，令 $a^{(0)} = h^{(0)} = z$，代入上式进行运算，且在每次迭代后对向量进行归一化处理，则向量序列 $a^{(t)}$ 和序列 $h^{(t)}$ 会分别收敛到概率向量 a^* 和 h^*，即为算法最后得到的个体权威性和中心性的值，从而可以按个体的权威性或者中心性的排序给出网络中较为重要的个体，一般可取 $a^{(0)} = h^{(0)} = (1, 1, \cdots, 1)^{\mathrm{T}}$。

（2）PageRank 算法

HITS 算法和 PageRank 算法可以看作兄弟算法，因为它们是同时期提出的对网页进行排序的两种算法，并且它们的原理有相似之处，都考虑了权威性网页的作用。但二者也有明显的不同：HITS 算法计算每个网页的权威性和中心性，将二者分开考虑，而 PageRank 算法只计算网页的 PageRank 值；HITS 算法只处理与关键词相关的网页集合，范围很小，而 PageRank 算法是全局算法，会计算互联网中所有网页的 PageRank 值，因此 HITS 算法更适合部署在客户端，而 PageRank 算法更适合部署在服务器端。

PageRank 算法根据万维网的链接结构计算出所有网页的重要性排序，其设计思想基于万维网网页间重要关系的两个特点：首先，如果一个网页很重要，那么总会有很多网页指向它，即"一个网页的重要性与指向它的链接数有关"；其次，如果一个网页很重要，那么它指向的网页一般也很重要，即"一个网页的重要性也取决于它指向的网页的重要性"[91-93]。

为了实现该思想，PageRank 算法将万维网用户在网上冲浪的过程抽象成有向网络 G 上的一个无偏随机游走模型，即一阶离散时间马尔科夫链。根据马尔科夫链知识，经过一定的处理之后，极限情况访问每个节点的概率收敛到其平稳分布，这时各个节点的平稳概率值就是其 PageRank 值，用以表示节点的重要程度。

以图 2-4 中的有向网络为例，按照无偏随机游走即等概率随机游走的思想，游走子在网页节点 i 处将以概率 $1/k_i$ 转移到其某个邻居节点，其中 k_i 为节点 i 的出度，则游走子在图 2-4 所示网络中的转移矩阵 w 如下：

$$
w = \begin{pmatrix}
0 & 1/2 & 1/2 & 0 & 0 & 0 \\
0 & 0 & 0 & 0 & 0 & 0 \\
1/3 & 1/3 & 0 & 0 & 1/3 & 0 \\
0 & 0 & 0 & 0 & 1/2 & 1/2 \\
0 & 0 & 1/3 & 1/3 & 0 & 1/3 \\
0 & 0 & 0 & 1 & 0 & 0
\end{pmatrix}
$$

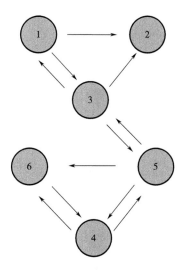

图 2-4　万维网有向网络示意图

不难发现，w 也是图 2-4 中有向网络的归一化邻接矩阵。由马氏链的知识可知，如果 n 维方阵 w 是一个非周期、不可约、正常返马氏链的概率转移矩阵（每一行的元素之和都是 1 的非负矩阵），则其才存在平稳分布且唯一，此时用平稳概率对网页做排序才有意义。

相关文献指出，在实际中可以假设万维网归一化的邻接矩阵 w 具有非周期性，因此，转移矩阵 w 满足非周期，但是不满足行和为 1 及正常返。如图 2-4 所示的万维网有向网络，网页节点 2 没有往外指的边，即在用户进入网页 2 之后，该网页没有超链接链出。在实际情况下，此时用户很可能会关闭当前网页，并在下一步随机地选择网络中的任意网页进行访问。基于此现实情况，可

将转移矩阵 w 的第二行进行修改，得到新的矩阵如下：

$$P = \begin{pmatrix} 0 & 1/2 & 1/2 & 0 & 0 & 0 \\ 1/6 & 1/6 & 1/6 & 1/6 & 1/6 & 1/6 \\ 1/3 & 1/3 & 0 & 0 & 1/3 & 0 \\ 0 & 0 & 0 & 0 & 1/2 & 1/2 \\ 0 & 0 & 1/3 & 1/3 & 0 & 1/3 \\ 0 & 0 & 0 & 1 & 0 & 0 \end{pmatrix}$$

显然，修改之后的矩阵 P 是满足行和为 1 的转移矩阵，成为马尔科夫链的概率转移矩阵。

在实际中，万维网对应的有向网络的邻接矩阵非常稀疏，也就是说 P 是非常稀疏的，因此 P 是可约矩阵。PageRank 算法对 P 进行不可约化处理，通过加入扰动矩阵 $E = \frac{1}{n} \cdot \mathbf{1}^T \cdot \mathbf{1}$ 并设置阻尼因子 α，使得马氏链中任意两个状态都直接可达，其中 n 为网页总数，$\mathbf{1}$ 表示分量全为 1 的行向量，$0 < \alpha < 1$。

经过上述处理之后的概率转移矩阵满足：

$$P(\alpha) = \alpha P + (1 - \alpha) \cdot \frac{1}{n} \cdot \mathbf{1}^T \cdot \mathbf{1} \tag{2-7}$$

即用户在万维网中以 α 的概率顺着超链接随机选择下一时刻要访问的网页，也可以以 $(1 - \alpha)$ 的概率全网随机选择一个新的网页浏览。而我们知道，当用户从全网选择一个新的网页打开的时候，往往并不是随机的，而是与用户的兴趣爱好等个体特征有关，因此可将式（2-7）中的 $\frac{1}{n} \cdot \mathbf{1}$ 项替换成个性化向量 $\boldsymbol{u}$，则 PageRank 算法也将进一步改进为以下形式：

$$P(\alpha) = \alpha P + (1 - \alpha) \cdot \mathbf{1}^T \cdot \boldsymbol{u} \tag{2-8}$$

如此得到的概率转移矩阵 $P(\alpha)$ 同样满足非周期正常返，因此存在稳态分布且唯一，根据马尔科夫链的知识即可得到各个节点处的稳态分布，记为 $PR(i)$，经过进一步的推导会发现，$PR(i)$ 满足以下条件：

$$PR(i) = \sum_{j \in B(i)} \frac{PR(j)}{|N(j)|} \tag{2-9}$$

其中，$B(i)$ 为指向 i 的超链接的集合，$N(j)$ 为网页 j 向外链出的超链接的集合，$|\cdot|$ 表示集合的规模。稳态概率 $PR(i)$ 即为节点 i 的 PageRank 值，可用于度量网页节点 i 的重要程度。并且由式（2-9）不难发现，其满足上文提到的万维网网页间重要关系的两个特点。

将 $PR(i)$ 应用于有向社交网络中度量个体的重要程度，由于个性化向量 $\boldsymbol{u}$ 的存在，可将其看作融合个体特征的社交网络个体社会影响力度量方法。

（3）PeopleRank 算法

基于 PageRank 的理论，不难发现：在以每个微博账户的"关注"为链出链接、以"粉丝"为链入链接构成的这种以人为核心的关系中，如果一个个体很重要，那么他会有很多的粉丝；如果一个个体很重要，那么他关注的个体一般也会很重要。这与 PageRank 中想要描述的万维网网页间重要关系的两个特点相似，因此将 PageRank 思想应用于微博中，即可得到 PeopleRank 算法[94]：

$$r(i) = \sum_{j \in M(i)} \frac{r(j)}{|L(j)|}$$

其中，$r(i)$ 为个体 i 的重要性，$M(i)$ 是个体 i 的粉丝集合，$L(j)$ 为粉丝 j 关注的个体集合。则 PeopleRank 与 3 个指标有关：粉丝数、粉丝是否有较高 PeopleRank 值以及粉丝关注了多少人。

2.2.5.2 基于用户行为的个体社会影响力度量

特别地，对于一般的在线社交网络而言，除了上述度量方法之外，还可以通过分析诸如发布信息、购买商品、话题评论、转发信息、建立好友关系等用户行为，得到其分布规律和因果关系，给出行为发起者与传播者之间的影响力度量，以分析和预测人们在相应社交网络上的社交行为。

（1）基于个体历史行为的 PageRank 算法

在上述介绍的加入个体偏好的 PageRank 算法中，若个体偏好向量 $\boldsymbol{u}$ 是通过个体的历史行为数据获得的，则也可将其看作基于用户行为的个体社会影响力度量。

（2）LIM（Linear Influence Model）模型

LIM 模型是一种线性影响力模型，其定义式如下所示[95]：

$$V(t + 1) = \sum_{u \in A(t)} I_u(t - t_u) \tag{2-10}$$

假设在初始时刻某个体发表了一个信息，$V(t)$ 表示该信息在 t 时刻被提到的次数；$A(t)$ 表示到 t 时刻为止受初始用户行为影响（提到该信息）的用户集合；$I_u(t - t_u)$ 表示用户 u 在 t_u 时刻采用该信息后，在 (t_u, t) 时间段内，网络上其他用户受用户 u 影响提到该信息的次数，即用户 u 的影响力函数。

LIM 模型为离散模型，且其并未利用到社交网络的结构来计算用户之间的影响力，其设计者认为真正控制信息传播过程的是用户的影响力，信息的传播与网络拓扑结构并没有必然的联系[95]。

2.2.5.3 基于交互信息的个体社会影响力度量

基于交互信息内容的个体社会影响力度量一般通过分析信息内容的传播范围和传播时间来进行。在在线社交网络中，传播范围比较广泛的消息一般都是由影响力较大、拥有大量粉丝的用户发起的，因此信息的传播范围可以作为在线社交网络中个体社会影响力的判断依据；与此类似，信息传播的时间长短同样可以体现发布者对整个信息网络影响力的大小。需要注意的是，不管是从用户交互信息的传播范围还是从传播时间来研究用户个体影响力，都只是定性分析，基于交互信息的定量计算难度较大。

传播范围即扩散规模，研究的是相同时间段内影响到的个体的数量；传播时间即扩散速度，研究的是影响相同数量的个体所需时间的多少。影响力在社交网络中的作用过程和信息的扩散过程有内在紧密的联系且机制十分相似，因此，信息传播模型在影响力扩散问题的研究过程中发挥着非常重要的作用。比较直接的研究方法是借助于网络科学中信息扩散研究的模型，以下以传染病模型为例进行介绍，即以节点作为传染源，考察其能够感染的其他节点的规模及感染速度。需要说明的是，网络信息扩散中的其他模型如独立级联模型和线性阈值模型的思想同样可以在此应用。

（1）扩散规模的研究

可直接采用 SIR（Susceptible-Infected-Removed）模型的思想在网络结构上进行传播实验，需要注意的是，传统的 SIR 模型并不需要网络结构，此处研究社交网络中个体的重要性，是需要在网络结构上进行 SIR 传播实验的。

记 S 为未得病个体，但缺乏免疫能力，与感染者接触后容易受到感染；I 为已染病个体，可传染给 S 类个体；R 为移除者，即要么被隔离、要么病愈而具有免疫力的人。在某段时间之后统计 I 即感染个体的数量，即为相应源节点的影响力扩散规模。在影响力规模的研究中，一般会有两个参数：一个是 R 变为 I 的概率，即感染概率；另一个是 I 变为 R 的概率，即治愈率或者移除率。这里，令节点以概率 β 随机感染其邻居节点，一般情况下初始感染方式选择单源，并将感染阈值 β 设得尽可能小，以减缓传染速度，使得传染源的选取更有意义。另外，设每一个感染个体以定长速率 γ 变为移除状：若 $\gamma=1$，则在每一轮的传播过程中，每一个被感染的节点仅有一次机会以概率 β 感染其邻居，之后该节点将被"移除"[89]。

由于随机性的存在，即使给定两组完全相同的参数条件，两组实验得到的感染个体数量一般也不会恰好相等。因此，以每个节点作为初始感染源，需要进行多次独立实验后，对感染规模取算术平均才能作为实验的最终结果。

（2）扩散速度的研究

可直接采用 SI（Susceptible-Infected）模型的思想进行传播实验，即假设个体一旦感染就永远处于感染状态，由于没有移除项 R，网络在很短时间内即会被全部感染，时间短从而便于利用实验分析传播速度。假设 $S(t)$ 和 $I(t)$ 分别为 t 时刻网络中的易感人群数和感染人群数，则通过对比（$t+1$）时刻与 t 时刻感染人数 I 的增量即可反映所选取传染源的传播速度。进一步，由于 $I(t)$ 是一个随时间变化的量，可以画出其关于 t 的折线图，则折线斜率即可作为传播速度的体现[89]。

2.2.5.4 社交网络中的意见领袖挖掘

随着互联网的快速发展，在线社交网络盛行，成为人们每日生活和工作中必要的沟通交流手段。社交网络的意见领袖在虚拟社区、网络群体以及信息传播中发挥的作用日渐突出，他们针对舆论发表言论，与网民、媒体之间形成互动，往往会对舆论走向产生巨大影响，力量不容小视。

意见领袖就是能在相应环境下对其他人产生较大影响的个体，被认为是社交网络中非常有影响力的人，与社交网络中个体社会影响力分析直接相关。因此，挖掘意见领袖的方法基本也就是基于本章介绍的社交网络中个体社会影响力分析的思想，比如相关文献中把 PageRank 算法打分最高的1%的用户看作意见领袖的挖掘结果，发现意见领袖比普通用户具有更高的社会地位[96,97]。

基于网络结构的方法模型简单、计算效率较高，能够处理大规模的社交网络，但是准确率相对较低，存在误判的可能性；而基于交互信息等的挖掘方法得到的结果较为准确，但是由于涉及大量信息的预处理和内容相关性的计算，复杂度较高，难以适应规模较大的网络。进一步优化的话，可以考虑两阶段选择策略：先利用基于结构的方法筛选意见领袖的备选集合，再在上述备选集合中用基于交互信息等方法选取真正的意见领袖。

2.3 网络中的节点中心性预测研究

前文提到，随着大数据时代的到来，网络规模大幅增加且结构日趋复杂，导致大规模复杂网络具体结构的获取越来越困难。而上述节点中心性的定义基本离不开网络结构，同时节点中心性对网络上的很多动力学行为有着非常大的影响，这使得在没办法获得具体网络结构的情况下，对网络中重要节点的预测变得更加重要。

2008 年，著名计算机与物理学家 Boguñá 等提出的复杂网络潜在度量空间的思想给出了该方向研究的可能性，他们认为现实网络中的节点同时存在于可视网络以及网络底层潜在的一个度量空间中（如图 2-5 所示）[74]，而节点在潜在度量空间中的性质导致了网络在演化过程中出现了许多共同的结构特性，也导致了网络上动力学行为及网络功能的特性。他们最初给出的网络潜在度量空间模型为一维圆环模型，由于该一维圆环模型中给定的预期度分布本就符合幂律分布，由此造成的可视网络具有现实网络普遍具有的无标度特性似乎太过理所当然，因此，后期他们又将网络潜在度量空间模型修改为双曲空间模型，主要基于双曲空间的指数增长特性会自然导致可视网络中的无标度幂律分布。到目前为止，学者们也已经验证了复杂网络潜在度量空间确实可以导致可视网络具有现实网络普遍具有的结构、动力学行为及功能特性，如社团结构等[98-100]。

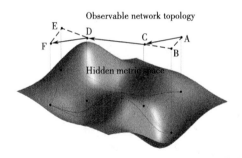

图 2-5　复杂网络潜在度量空间思想示意图[74]

本部分基于复杂网络潜在度量空间的思想提出网络中重要节点的一种预测机制，并利用实验验证该预测机制的效果，同时在此基础上说明该机制在对网络的目的攻击和随机攻击下的作用。

2.3.1　网络潜在度量空间思想简介

2.3.1.1　一维圆环模型（one-dimensional circle model）

复杂网络潜在度量空间（the hidden metric space）的一维圆环模型由 Boguñá 等人发表于 2008 年 11 月的 *Nature Physics* 期刊[74]。假设网络的潜在度量空间是一维圆环（如图 2-6 所示），圆环半径设为 $R = N/2\pi$，N 为节点总数，给每个节点设置两个潜在变量 (θ, k)，其中 θ 为节点在圆环上的角坐标，其均匀地分布于区间 $[0, 2\pi]$，k 是节点的预期的度，假设其服从 $\rho(k) = (\gamma - 1)k_0^{\gamma-1}k^{-\gamma}$ 的分布，其中，$k_0 \equiv (\gamma - 2)\langle k \rangle/(\gamma - 1)$，$k > k_0$ 且 $\gamma > 2$。对于在一维圆环潜在度量空间中坐标为 (θ, k) 和 (θ', k') 的两个节点，给定二者在可视网络结构中的连边概率：

$$r(\theta, k; \theta', k') = \left(1 + \frac{d(\theta, \theta')}{\mu k k'}\right)^{-\alpha}, \quad \alpha > 1, \quad \mu = \frac{\alpha - 1}{2\langle k \rangle} \qquad (2\text{-}11)$$

其中，$d(\theta, \theta')$ 为两个节点在潜在度量空间中的距离，用它们在圆环上的几何距离来度量；$\langle k \rangle$ 为预期的平均度，是一个可调节参数，一般常取为 6；参数 α 则决定着潜在度量空间中的距离影响网络节点之间连接的程度。由式（2-11）可知，当 α 取较大值时，潜在度量空间中距离越近的节点在可视网络中相连的概率越高，从而网络会呈现出更强的聚类状况。因此，从这个角度而言，α 也被称为一维圆环模型中的聚类强度参数[74]。

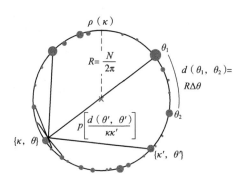

图 2-6　复杂网络潜在度量空间的一维圆环模型示意图[99]

上述连边概率 r 的形式是根据现实世界网络（如航空网）中的典型情况设定的[76]。一方面，它揭示了潜在度量空间中的距离 d 越小的节点间连边概率越大；另一方面，由于当节点度的乘积 kk' 越大的时候，概率 r 会越趋近于 1，这也暗示着不管 hub 节点（度较大的节点）之间在潜在度量空间中的距离远近，它们都会以很高的概率在可视网络中相连。对于在潜在度量空间中距离适中的 hub 节点和度较小的节点，相连的概率也会较高；而对于度均较小的两个节点，只有当其在潜在度量空间中的距离足够近时才会在可视网络中相连。根据上述预期的度分布 $\rho(k)$ 及连边概率 r，可以推导出生成的可视网络会具有 $p(k) \sim k^{-\gamma}$ 的无标度度分布形式，这与现实网络的结构特性符合，并且经验证，一维圆环模型同样会导致可视网络的高聚类及小世界等特性的产生。

2.3.1.2　双曲空间模型（hyperbolic space model）

由以上复杂网络潜在度量空间的一维圆环模型不难发现，其首先假设节点预期的度分布 $\rho(k)$ 本就是一个关于 k 的无标度分布形式，由此造成生成的可视网络具有 $p(k) \sim k^{-\gamma}$ 的幂律形式似乎过于理所当然，因此，Dmitri Krioukov 及 Boguñá 等人于 2009 年在期刊 *PHYSICAL REVIEW E* 上发表的文章中提出了复杂网络潜在度量空间的双曲空间模型[75]，该模型的提出主要基于双曲空间的指数增长特性（如图 2-7 所示的双曲平面中的庞加莱圆盘）会自然引发可视网络的幂律度分布形式。

图 2-7　二维双曲平面中的庞加莱圆盘中的指数增长特性示意图[75]

在双曲空间模型中有两个最基本的参数，即空间曲率 K 及系统温度 $T > 0$，双曲空间的特点是曲率为负，记为 $K = -\zeta^2$，其中 $\zeta > 0$，而双曲平面则

对应 $K = -1$ 的情况。由于一般情况下节点的个数都是有限的，因此会分布在双曲空间中有限的范围内。基于此，可认为节点在双曲空间中分布于一个半径为 $R \gg 1$ 的圆盘内，则每个节点在双曲圆盘上均有一对坐标 (r, θ)，其中 r、θ 分别为节点在双曲圆盘中的径坐标和角坐标。假设节点在圆盘上的分布为最简单的均匀分布，而双曲空间的指数增长特性会导致其径坐标近似服从形如 $\rho(r) = \sinh r / (\cosh R - 1) \approx \alpha e^{\alpha(r-R)}$ 的指数分布形式，其中 $0 \leqslant r \leqslant R$，$\alpha > 0$；而对于节点的角坐标 θ，假设其在 $[0, 2\pi]$ 上均匀分布。按照这种方式，我们可以得到每个节点在双曲空间中的坐标，对于坐标为 (r, θ) 和 (r', θ') 的两点，近似计算它们在潜在双曲度量空间中的距离 $x = r + r' + \frac{2}{\zeta}\ln\sin\frac{\Delta\theta}{2}$，$\zeta$ 是与双曲空间的曲率相关的参数，在此基础上，定义 (r, θ) 和 (r', θ') 两点在可视网络结构中连接的概率：

$$p(x) = \frac{1}{1 + e^{\zeta(x-R)/(2T)}} \tag{2-12}$$

其中，$\zeta = \sqrt{-K}$，x 为两节点的双曲距离，R 为双曲圆盘的半径，T 为系统温度参数。经过推导发现，由此模型生成的可视网络会自然具有 $p(k) \sim k^{-\gamma}$ 的无标度幂律度分布形式。由式（2-12）不难发现，系统温度参数 T 控制着节点之间连边的概率，从而控制着可视网络的聚类程度。经研究发现，当 $T \to 0$ 时，可视网络聚类达到最强；当 $T \to 1$ 时，可视网络聚类程度趋于 0；当 $T > 1$ 时，网络聚类始终保持 0 状态，即可视网络变为随机网络[75]。考虑到现实网络普遍具有高聚类的特性，在使用复杂网络的双曲空间模型生成网络时，可考虑 $T \in (0, 1)$。对可视网络的度分布幂指数 γ 而言，经过推导发现其满足以下关系：

$$\gamma = \begin{cases} \dfrac{2\alpha}{\zeta} + 1, & \dfrac{\alpha}{\zeta} \geqslant \dfrac{1}{2} \\ 2, & \text{其他} \end{cases} \tag{2-13}$$

我们知道，在现实网络的共同基本特性中，人们发现现实网络基本具有无标度度分布形式，且幂指数一般在 2~3 的范围内，因此可根据该共同特性以及欲嵌入的双曲空间的曲率来限定参数 α 的范围。

复杂网络的潜在双曲空间模型一经提出便引起了广泛关注，经过学者们研究发现，当曲率 $K = -1$ 即为二维双曲平面时，对现实网络的近似效果最好[82,101]。

2.3.2　预测机制及数值模拟

本部分基于复杂网络潜在度量空间的上述思想及其对现实网络的近似效果，提出一种基于节点在潜在度量空间中的性质去预测节点中心性的机制。该机制不直接利用可视网络结构，只需要节点在网络潜在度量空间中的情况。

2.3.2.1　预测机制

以节点的度度量指标为例，我们知道节点在网络中的度中心性由式（2-1）计算，主要基于节点在网络中的度的大小，需要提前知道节点在网络中的具体连接关系。但是在潜在度量空间中，节点之间只有距离没有连边一说，因此我们可简单地将节点在潜在度量空间中看作构成全连接加权网络：全连接即任意两个节点之间都有连边，加权即边上的权重，我们可以将潜在度量空间中计算所得的两节点之间的连边概率作为相应边的权重。接着，我们定义节点在潜在度量空间中的潜在度中心性 hyper-DC 如下：

$$hyper - DC(i) = \sum_{j \in V,\, j \neq i} p_{ij} \tag{2-14}$$

其中，V 为全部节点的集合，p_{ij} 为根据一维圆环模型或者双曲空间模型中定义的两节点之间的连边概率（式（2-11）和式（2-12））。如此我们就实现了根据节点在双曲空间中的性质给了节点一个度量，可以根据该度量对网络中所有节点进行排序。

为了考察上述机制的预测效果，我们首先用相应的一维圆环模型或者双曲空间模型生成可视网络，然后根据节点 DC 的原始定义得到节点在网络结构下真正的中心性排序，将潜在度量空间中得到的节点预测排序与可视网络结构下得到的节点真实排序作对比并计算两种排序的匹配度，以考察基于潜在度量空间的节点中心性预测机制的效果。此处我们构造了两种匹配度：微观匹配度（micro-matching）及宏观匹配度（macro-matching）。微观匹配度为两种排序下前 $\beta\%$ 的节点中排序相同的节点所占的比例；宏观匹配度的提出是基于实际中我们可能并不需要严格知道某个节点排在第几名，只需要知道它是不是排序较靠前的重要节点。由此给出两种排序下节点微观匹配度及宏观匹配度的定义如下：

$$micro - m = \sum_{i \in V_\beta} \frac{micro(i)}{\beta\% \times N} \quad macro - m = \sum_{i \in V_\beta} \frac{macro(i)}{\beta\% \times N} \qquad (2-15)$$

其中，N 为节点总数，V_β 为在第一种排序下排在前 $\beta\%$ 的节点的集合，$micro(i)$ 和 $macro(i)$ 为示性函数。对于节点 i，如果其在第二种排序下的位置与第一种排序下的位置相同，则 $micro(i) = 1$，否则 $micro(i) = 0$。对于某个节点 i，如果其在第一种排序下排在前 $\beta\%$，同时在第二种排序下也排在前 $\beta\%$，这时候称节点 i 为一个"宏匹配节点"。类似地，当节点 i 为宏观匹配节点时，示性函数 $macro(i) = 1$，否则 $macro(i) = 0$。

2.3.2.2　数值模拟

（1）一维圆环模型下预测机制效果

由 2.3.1.1 节可知，在给定节点总数 N 的前提下，复杂网络潜在度量空间的一维圆环模型中有两个参数：γ 和 α，分别为幂指数参数和与聚类相关的参数。为了方便展示，首先对 $N = 50$、$\gamma = 2.2$、$\alpha = 2.5$ 以及 $N = 50$、$\gamma = 2.8$、$\alpha = 1.1$ 两种情况，分别计算节点在生成的某个可视网络结构中度中心性的实际排序情况，以及节点在潜在度量空间中按照上述我们提出的机制预测出的节点的排序情况，以排在前 15 名为例在表 2-1 及表 2-2 中分别进行展示。

表 2-1　$N = 50$、$\gamma = 2.2$、$\alpha = 2.5$ 情况下的实际排序和预测排序

节点排序（前 15 名）														
实际	44	8	32	13	0	15	19	48	2	38	23	35	25	26	47
预测	44	8	32	15	13	0	48	38	2	28	19	23	26	25	47

表 2-2 $N=50$、$\gamma=2.8$、$\alpha=1.1$ 情况下的实际排序和预测排序

节点排序（前15名）														
实际	10	26	41	0	2	28	9	49	4	5	31	34	24	25	8
预测	26	10	2	28	43	0	4	41	34	38	20	29	49	25	5

在表 2-1 所展示的结果中，$N=50$，$\beta=30$，$micro-m=\dfrac{5}{15}\approx0.333\,3$，$macro-m=\dfrac{14}{15}\approx0.933\,3$；在表 2-2 所展示的结果中，$N=50$，$\beta=30$，$micro-m=\dfrac{1}{15}\approx0.066\,7$，$macro-m=\dfrac{11}{15}\approx0.733\,3$。可见真实的排序跟预测出的排序之间确实有一定的关系。需要指出的是，在用模型生成可视网络的时候，由于随机性的存在，同样一组参数下生成的可视网络结构并不一定相同，因此对同一组参数不能只用一次实验的结果作为最终结果，应该采用多次实验并求平均的方式。以下模拟中，令 $N=10\,000$，对于同一组参数 γ 和 α，每次生成 50 个可视网络，计算出相应的 50 个 $micro-m$ 值和 50 个 $macro-m$ 值并分别求平均，得到最终的微观匹配度和宏观匹配度。对于参数 β，我们在前文介绍过，现实网络中的 hub 节点占比是很低的，另外，在社交网络意见领袖挖掘中，一般认为排在前 1% 的才是意见领袖，因此，我们将参数 β 限定在 (0，50) 范围内，即最多只考察前 50% 节点的匹配情况。

表 2-3 和表 2-4 展示了给定 γ 和 α 的不同取值上，述机制在 $\beta\le20$ 时的部分预测效果。图 2-8 和图 2-9 展示了给定 γ 和 α 的不同取值上述机制在 $\beta\le50$ 范围内的预测效果。由表 2-3 和表 2-4 两种情况可以看出，对于微观匹配度而言，当所考察节点比例 β 比较小时，两种排序的微观匹配度较高，但随着 β 的增大，微观匹配度迅速下降，说明 2.3.2.1 节中提出的机制在预测更为重要的节点的严格排序位置时效果更好；对于宏观匹配度而言，在表格所展示的 β 的范围内，虽然随着 β 的增大宏观匹配度的数值也稍有下降，但整体看，两种情况下对不同的 β 均能保持较好的预测效果。

表 2-3 $N=10\ 000$、$\gamma=2.8$、$\alpha=1.1$ 情况下机制的微观匹配度及宏观匹配度

β	0.1	0.2	0.5	1	2	5	10	20
micro-m	0.548	0.37	0.178	0.100 2	0.054	0.023 3	0.012 1	0.006 1
macro-m	0.932	0.918	0.906 8	0.887 2	0.861	0.807 5	0.753	0.704 5

表 2-4 $N=10\ 000$、$\gamma=2.2$、$\alpha=4.5$ 情况下机制的微观匹配度及宏观匹配度

β	0.1	0.2	0.5	1	2	5	10	20
micro-m	0.802	0.611	0.361 2	0.212	0.118 9	0.052 9	0.027 6	0.014 2
macro-m	0.972	0.971	0.966	0.957 4	0.943 6	0.925	0.896 9	0.850 8

　　由式（2-15）可知，微观匹配度研究的是节点的严格排序位置，即某个节点究竟排在第几位，而宏观匹配度得不到节点在排序中的严格位置，但是可以得到某个节点是否在所有节点中排在前 $\beta\%$ 范围内。图 2-8 显示的是微观匹配度随 β 的变化情况，与表 2-3、表 2-4 类似，图 2-8 显示，几种情况下对于 $\beta=0.1$ 而言，该机制可以有 55% 以上的准确率预测出前 $\beta\% \times N = 10$ 个节点准确的排序位置，之后随着 β 的增大对节点准确排序位置预测的准确率开始急速下降，并且很快就降为 10% 以下。图 2-9 显示的是宏观匹配度随 β 的变化情况，其呈现出了先下降后期又有略微提升的缓慢变化趋势。前期的下降说明了该机制对较为重要节点的预测较为准确。后期的缓慢提升源于宏观匹配度的定义：参数 β 的值越大，我们最终考虑的节点（前 $\beta\%$）越多，从而被我们排除在外的节点［剩余的 $(1-\beta\%)$ 比例的节点］数越少，因此一个节点会有更大的概率成为宏观匹配节点，从而按照式（2-15）导致宏观匹配度 $macro-m$ 的提升；特别地，如果我们考虑 $\beta=100$，即所有节点在内的宏观匹配度，则每个节点都会成为宏观匹配节点，从而使得宏观匹配度 $macro-m=1$，也就是其能取到的最大值，因此宏观匹配度随 β 的增大后期是必然会呈现出上升趋势的。除此之外，从图 2-9 中还可以看出不同情况下得到的宏观匹配度的值均较高，大概都在 0.7 以上，说明对 γ 和 α 的不同取值，该机制下均可以有 70% 以

上的准确率预测出排序在前 $\beta\%$ 的节点有哪些，某些情况下准确率甚至可高达 95%。

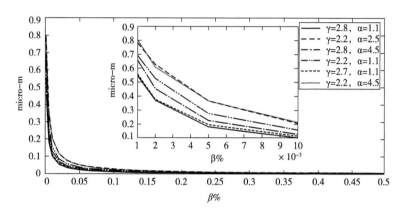

图 2-8　一维圆环模型下微观匹配度随 β 的变化情况

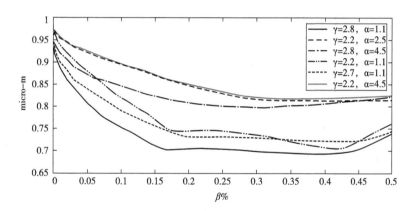

图 2-9　一维圆环模型下宏观匹配度随 β 的变化情况

以上研究的是给定模型参数 γ 和 α，微观匹配度、宏观匹配度随我们机制中设置的参数 β 的变化情况，接下来我们进一步考察两种匹配度随模型参数 γ 和 α 的变化情况。由以上的数值结果分析可知，当 β 较小时，不管是预测前 $\beta\%$ 节点的准确排序位置还是预测前 $\beta\%$ 的节点有哪些，效果都是较好的。而在社交网络意见领袖挖掘及网络攻击等很多方面的研究中，实际上只需要知道排序较为靠前的节点即可，如前文介绍过，社交网络意见领袖挖掘中可认为排在前 1% 的个体节点才是真正的意见领袖。因此，以下对匹配度随模型参数 γ 和 α 变化情况的研究中，我们取 $\beta = 0.5$ 或 $\beta = 1$。

图 2-10 展示的是微观匹配度随一维圆环模型中聚类参数 α 的变化情况。可以看出，刚开始有较为明显的上升趋势，之后处于动荡变化状态，说明微观匹配度前期会随着聚类参数的增大而增大，之后受聚类参数影响较为复杂，整体上在某个固定值上下浮动。图 2-11 展示的是宏观匹配度随 α 的变化情况，相对呈现出较为明显且稳定的变化趋势：对于 $\beta = 0.5$ 的情况，宏观匹配度在 $\alpha < 1.5$ 时呈现明显的快速上升趋势，$\alpha > 1.5$ 后便处于较为稳定的状态，几乎不再受 α 的影响。

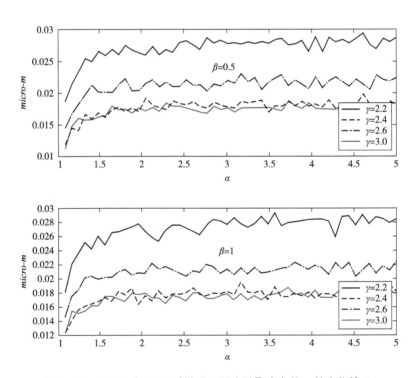

图 2-10　$\beta = 0.5$ 和 $\beta = 1$ 时微观匹配度随聚类参数 α 的变化情况

图 2-12 及图 2-13 分别展示的是微观匹配度和宏观匹配度随一维圆环模型中幂指数参数 γ 的变化情况，二者随着 γ 呈现出类似的变化情况：先下降，

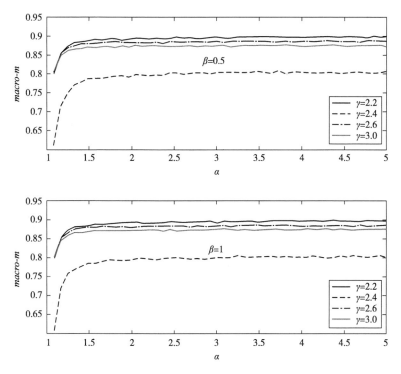

图2-11 $\beta=0.5$ 和 $\beta=1$ 时宏观匹配度随聚类参数 α 的变化情况

然后在 $\gamma=2.5$ 处陡然提升，之后再次缓慢下降。与图2-10和图2-11的对比结果类似，在其他地方，相对于微观匹配度而言，宏观匹配度对应的曲线同样较为光滑。

（2）双曲空间模型下预测机制效果

在本部分的模拟中，我们取2.3.1.2节介绍的双曲空间模型中径坐标服从的指数分布参数 $\alpha=0.6$，预期平均度仍取 $\langle k \rangle=6$，在给定节点总数 N 的前提下，复杂网络潜在度量空间的双曲空间模型中有两个模型参数：系统温度参数 T 以及空间曲率参数 K。2.3.1.2节中介绍过，可取 $T \in (0，1)$；由于研究发现现实网络的幂指数 γ 基本在2和3之间，根据式（2-13），可以得到曲率参数 K 的范围：$K \in (-1.44，-0.36)$。

与一维圆环模型类似，首先我们结合图表研究本书2.3.2.1节提出的预测机制在双曲空间模型下的效果，然后研究空间参数 T 和 K 对机制效果的影响情

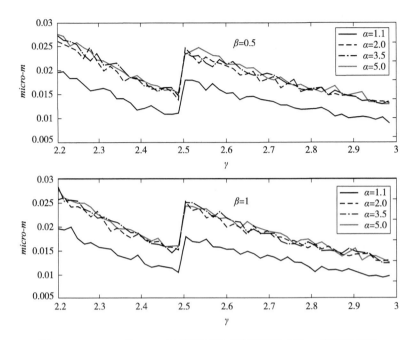

图 2-12　$\beta = 0.5$ 和 $\beta = 1$ 时微观匹配度随幂指数参数 γ 的变化情况

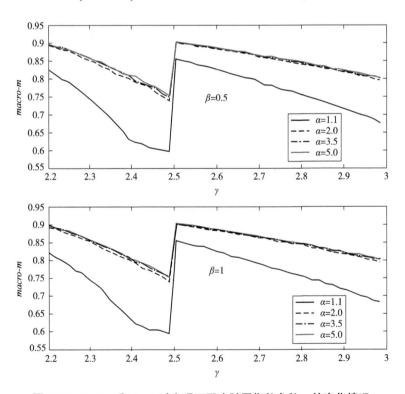

图 2-13　$\beta = 0.5$ 和 $\beta = 1$ 时宏观匹配度随幂指数参数 γ 的变化情况

况。为了方便展示具体的匹配情况，我们首先生成一个规模较小的可视网络，令 $N=50$，当 $T=0.5$ 且 $K=-1$ 时，我们生成两个可视网络并对节点均进行两种排序：按可视网络中节点的 DC 值将节点排序（实际排序）以及用双曲空间模型按照本部分提出的预测机制预测出节点的排序（预测排序）。表 2-5 分别展示了排在前 15 名的节点。

表 2-5　$N=50$、$T=0.5$、$K=-1$ 情况下的实际排序和预测排序

网络1														
实际	47	48	42	19	44	7	8	29	5	20	15	30	49	10	43
预测	47	48	42	29	7	8	19	44	49	16	20	43	5	32	26

网络2														
实际	8	40	21	10	29	32	11	12	1	23	41	48	24	47	13
预测	40	8	21	10	29	32	48	47	11	12	1	41	49	23	24

如表 2-5 所示，$N=50$，$\beta=30$，即考察了排序在前 30% 的节点的具体排序情况。根据每个网络下第一行的实际排序与第二行的预测排序对比情况可知，类似于一维圆环模型的情况，真实的排序跟预测出的排序之间确实有一定的关系。以下的模拟中，令网络规模 $N=10\ 000$，根据上一节中复杂网络双曲空间潜在度量模型的介绍可知，该模型中同样存在着随机性，因此，后续模拟与一维圆环模型中相同，对每一组双曲空间模型参数 T 和 K，生成 50 个可视网络，计算出相应的 50 个 $micro-m$ 值和 50 个 $macro-m$ 值并分别求平均，得到双曲空间模型下最终的微观匹配度和宏观匹配度，同时，参数 β 仍然限定在（0，50）的范围内。

图 2-14、图 2-15、图 2-16 为三种情况下两种排序中排在前 m 的节点的微观匹配度情况。对于 $T=0.1$ 的情况，图 2-14 显示，两种排序下排在前两名的节点的严格排序基本能保持在 90% 以上吻合，排在前三的节点的严格排序吻合度保持在 84% 以上，排序在前五的节点的严格排序吻合度在 70% 以上，排序在前十的节点的严格排序吻合度低于 50%。对于 $T=0.5$ 的情况，图 2-15

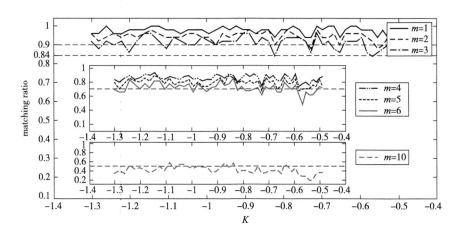

图 2-14 $N = 10\,000$, $T = 0.1$, $K \in (-1.44, -0.36)$,

两种排序下前 m 个节点的微观匹配度

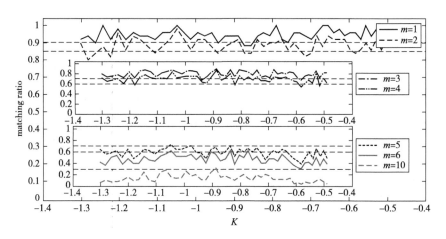

图 2-15 $N = 10\,000$, $T = 0.5$, $K \in (-1.44, -0.36)$,

两种排序下前 m 个节点的微观匹配度

显示，两种排序下排在第一名的节点匹配度基本能保持在 90% 以上，前两名节点的严格排序吻合度基本能保持在 85% 以上，排序在前三的节点的严格排序吻合度基本高于 70% ，排序在前四的节点的严格排序吻合度基本能高于 60% ，排序在前五的节点的严格排序吻合度不高于 70% ，前六名节点的严格排序吻合度不高于 60% ，前十名节点的严格排序吻合度不高于 30% 。对于

$T = 0.9$ 的情况，图 2-16 显示，两种排序下排在第一名的节点匹配度基本能保持在 85% 以上，前两名节点的严格排序吻合度基本能保持在 75% 以上，但是排序在前三的节点的严格排序吻合度就仅在 55% 以上了，前四名节点的严格排序吻合度低于 70%，前五名节点的严格排序吻合度低于 50%，前十名节点的严格排序吻合度低于 10%。与机制在一维圆环模型下的表现（见图 2-8）对比可以发现，本部分提出的节点异质性预测机制在预测节点的严格排序位置时在双曲空间模型下的表现要稍好一些，尤其是在预测网络中最重要的那个节点时。

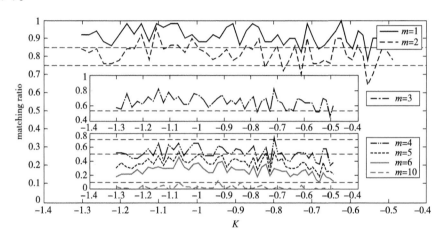

图 2-16 $N = 10\ 000$，$T = 0.9$，$K \in (-1.44, -0.36)$，

两种排序下前 m 个节点的微观匹配度

对于双曲空间模型下宏观匹配度的研究，图 2-17 展示了几组不同的双曲空间参数 T 和 K 下，β 在 (0, 50) 范围内宏观匹配度的数值模拟情况。与一维圆环模型下的图 2-9 类似，随着 β 的增大，宏观匹配度先缓慢下降，后期又有一点上升趋势。对不同的 β，宏观匹配度数值整体较高。这说明如果不考虑节点的严格排序位置，只预测网络中比较重要的节点的集合，本章中提到的预测机制整体均有较好的预测效果，如果要预测的是排序在前 1%（即 $\beta = 1$）的节点集合的话，其预测准确率可以达到 85%。

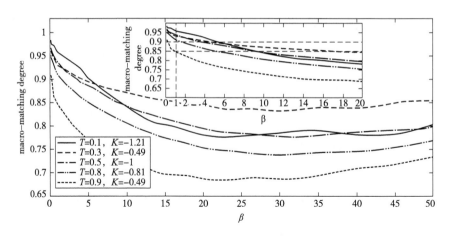

图 2-17　双曲空间模型下宏观匹配度随比例参数 β 的变化情况

与一维圆环模型类似，我们同样考察了双曲空间模型参数 T 和 K 对宏观匹配度的影响情况（$\beta = 1$）。如图 2-18 所示，宏观匹配度关于模型温度参数 T 呈现出较为清晰的变化趋势：当 $T < 0.9$ 时，宏观匹配度缓慢下降；而当 $T > 0.9$ 时，宏观匹配度急速下降。0.9 是本机制中宏观匹配度关于双曲空间模型温度参数 T 的相变点。图 2-19 展示了宏观匹配度随模型曲率参数 K 的变化情况。由图 2-19 可以看出，在 $K = -1$ 附近宏观匹配度表现稍好一些，但整体来看，宏观匹配度受空间曲率参数影响不大。

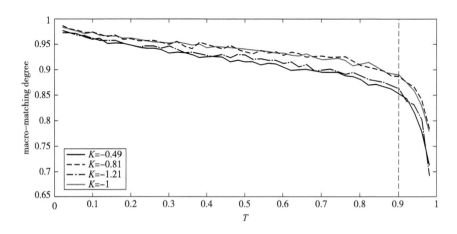

图 2-18　$\beta = 1$（即考察前 1% 重要节点）时宏观匹配度

随双曲空间模型温度参数 T 的变化情况

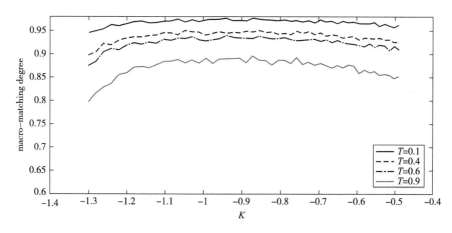

图 2-19 $\beta=1$（即考察前 1%重要节点）时宏观

匹配度随双曲空间模型曲率参数 K 的变化情况

综合本章提出的节点异质性预测机制在一维圆环和双曲空间两种模型下的表现可知，该机制在预测网络节点重要性的严格排序位置时，对预测最重要的节点有很好的效果，对预测前两名节点有较好的效果；在预测网络较为重要的节点集合时，两种模型下对于不同的预测比例参数 β，该机制均有较好的效果，并且在预测前 1%重要节点的集合时效果更好。

2.3.3 用于破坏网络的鲁棒性

我们知道，对网络的攻击分为对网络的目的攻击和随机攻击。由于现实网络的无标度度分布造成了网络中的 hub 节点较少，绝大多数是度较小的节点，如果能够知道网络中的 hub 节点是谁并对其进行有目的的攻击，网络结构会受到很大的打击（比如抓到犯罪网络的头领），对网络的影响是较大的，这就造成了现实网络对目的攻击的脆弱性。目的攻击需要清楚地知道整个网络的具体结构，因此在不知晓网络结构的情况下，可以对网络进行随机攻击。由于网络中绝大部分节点是度小的节点，因此随机攻击会以较大的概率攻击到度小的节点，对网络结构的影响较小，这被称为现实网络对随机攻击的鲁棒性。综合图 2-14、图 2-15、图 2-16 我们可以发现，本部分提出的基于复杂网络潜在度量空间思想预测节点异质性的机制，在双曲空间模型下预测节点的严格排序位置时，对预测网络中最重要的那一个节点很有效，对预测前两名节点的严格排序较为有效，其他情况下效果一般。结合对网络的目的攻击的思想，如果无法知晓网络的具体结构信息，本部分提出的机制在对网络进行目的攻击时还是有一定的指导意义的。

本小节重点说明本章提出的基于复杂网络潜在度量空间模型思想构建的网络节点异质性预测机制在对网络随机攻击方面的作用。本机制提出的思想是，在无法获得网络具体结构信息的前提下，可以借助于网络潜在度量空间思想去预测网络中的重要节点集合。原始的随机攻击是全网选择节点进行攻击，成本高、效果差，如果将随机攻击的范围由网络中的全部节点缩小为我们利用上述机制预测出的前 $\beta\%$ 重要节点集合，由上一小节宏观匹配度数值模拟的结果可以发现，该机制在预测前 $\beta\%$ 重要节点集合时均具有较好的表现。由于攻击的备选节点集合大规模减小且其中很大部分是网络中真正重要的节点，结合本章提出的节点异质性预测机制的随机攻击可以实现在节省攻击成本的同时大幅度提升攻击的破坏力，对随机攻击将会具有很大的指导意义。

2.4　总结和讨论

本章主要介绍节点异质性度量、预测及应用于网络攻击方面的相关知识。

在度量方面，本章在引言部分首先简单介绍了网络中节点异质性度量的基本情况，之后在 2.2 节按照基于度、基于路径、基于模块/社团结构、基于网络中动力学行为、社交网络中的个体社会影响力度量五个分组方式，较为全面地介绍了与之相关的节点中心性度量标准。

在预测方面，本章首先在引言部分介绍了复杂网络潜在度量空间思想提出的背景，即在无法获得网络具体的结构信息时，可以借助潜在度量空间模型对网络的结构、动力学行为等进行预测，并在 2.3.1 节对潜在度量空间的一维圆环模型及双曲空间模型进行了详细介绍；在此基础上，2.3.2 节提出了一个新的节点中心性预测机制，即基于复杂网络潜在度量空间思想的节点中心性预测机制：借助节点度中心性的定义及节点在网络潜在度量空间中的性质，定义节点的潜在度中心性 hyper-DC，在度量空间中借助节点 hyper-DC 的值对节点进行排序，从而得到节点中心性排序的预测结果。为了验证该机制的有效性，本章同时在可视网络结构中计算各节点真实的度中心性排序，提出了微观匹配度和宏观匹配度两个概念，以度量预测排序与真实排序的匹配效果。其中，微观匹配度的定义方式是考察两种排序下节点严格排序位置的吻合情况；宏观匹配度的提出是基于现实应用中很多时候并不需要知道节点的严格排序位置，而只需要知道排在前若干位的重要节点有哪些即可。

在数值模拟部分，通过对一维圆环及双曲空间两种复杂网络潜在度量空间模型下机制相应的微观匹配度及宏观匹配度的模拟发现：在预测节点中心性的严格排序情况时，该机制只对预测前两名重要节点的严格排序比较有效，考虑到在对网络进行目的攻击时其实主要还是针对网络中非常重要的节点进行，但是如果无法知晓网络的具体结构，目的攻击将完全无法进行，由此笔者认为，此机制在无法知晓网络结构的前提下，对网络目的攻击还是具有一定的指导意义的。宏观匹配度的模拟效果显示，不管在哪个模型下，宏观匹配度整体表现出较好的效果（基本均大于等于70%），说明如果只是预测网络中较为重要的节点的集合，该机制具有较为理想的表现；如果将该集合作为对网络进行随机攻击的备选节点集合，可以大大提升攻击的破坏力，从而有效破坏网络的鲁棒性。另外，本章还考察了模型参数对机制效果的影响。

本章只在最简单的度中心性度量下对该机制进行了研究，在其他度量标准下该机制的效果有待验证。

3　多重网络上的信息–疾病耦合传播动力学研究

　　人群感知在传染性疾病的传播以及传染模式的控制方面有着重要作用。人群感知的动态过程被称为感知级联，在该过程中，由于人们依据其他个体的行为来做出决策，所以个体表现出了羊群效应，即从众心理。为了研究伴随着感知级联效应的疾病传播过程，我们提出了一个多重网络上的局部感知控制传染病传播模型（LACS）。通过使用微观马尔科夫链方法和数值模拟进行理论分析，我们发现在局部感知比例 α 趋近于 0.5 的时候，疾病暴发阈值 β_c 出现了一个突然相变，这就导致了疾病暴发阈值和最终感染比例的两阶段现象。这些发现表明 α 的增大能够促进疾病的暴发。此外，为了解释在 $\alpha_c \approx 0.5$ 附近出现的类似两阶段的突然转变，我们研究了一个简单的 1D 环模型。这些结果能够让我们更好地理解为什么在现实中有一些疾病不能暴发，同时也为抑制和控制与感知级联类似的传播系统提供了一种可能的路径。

3.1　引言

　　疾病传播是一个在复杂网络领域已经被大量研究的重要现象[8,102-110]，有各种各样的模型被用来研究这类动力学过程，包括经典的易感–感染–易感（SIS）模型[58]、易感–感染–恢复（SIR）模型[59] 等[63,111]。这些模型主要聚焦于影响疾病传播的各种因素，例如人们之间接触的频率[62,112]、疾病的持续时间[113]、不同个体的免疫能力等。

近些年，越来越多的科学家开始关注人们的响应和疾病传播之间的互动关系[63,114-117]，尤其是"知晓状况"（即风险感知），因为它可以被看作一种削弱"易感性"的关键变量：当个体对风险有所感知的时候，个体会采取一定的预防措施，从而降低自身被感染的可能性。相关方面的研究已有一定的成果，如Funk等人发现在一个混合均匀的人群中，对疾病的感知能够减小疾病的暴发规模，但是不能影响疾病的暴发阈值[118]；此外，Wu等人把感知划分为三类，也就是局部感知、全局感知以及接触感知，他们的研究表明全局感知不能降低疾病暴发的可能性，但其他两种感知却能够降低该可能性[119]。除此之外，作为一种描述人们之间耦合相关的不同链接关系的较为自然的方式，近年来多重网络在处理与感知相关的疾病扩散问题方面获得了越来越多的关注[17-20,120,121]。借助两个相互独立的网络能够描述疾病和感知的动态过程的共同演化，如通过考虑多重网络上感知和疾病传播之间的相互作用，Granell等人发现了一个元阈值点的出现，在这个阈值点上感知的扩散能够控制疾病的暴发[64]。

上面提到的相关研究的一个共同特征是感知的扩散与疾病的扩散动力学过程是相同的，然而，在现实情况下，感知扩散的方式和疾病扩散的方式有很大的差别。例如，当一个人偶然在社交网络上读到一个关于疾病的信息时，他可能不会采取措施，这就意味着他并未感知疾病，但是当他的朋友中感知疾病的比例达到了某个临界点时，他可能会以较高的概率采取措施，也就是说，一个人能够根据他朋友的状态来感知疾病。这个类似于羊群效应的特征就像我们日常生活中决定接受或者拒绝一个观点的过程[122-124]。在这里，我们提出了一个阈值模型来描述这种现象，在感知状态的转变过程中这个阈值被定义为"局部感知比例"。

在本章中，我们提出了一个定义在多重网络上的局部感知控制传染病传播模型（LACS）来研究疾病与感知扩散的相互影响。在这个模型中，我们发现一个有趣的现象，那就是当局部感知比例被设置为0.5时，暴发阈值会出现一个突然的转变。另外，最终的感染比例围绕这个临界点也呈现出两种不同的现象：当局部感知比例比 0.5 小时，暴发阈值较大并且在不同的局部感知比例下最终的感染比例基本相同；当局部感知比例比 0.5 大时，最终的感染比例会随着局部感知比例的增加而明显增长，但是暴发阈值变得较小。我们拓展了微观马尔科夫链（MMCA）模型[66] 来解析地推导出本模型的暴发阈值，同时数值结果也表明 MMCA 在预测疾病暴发阈值方面有较高的准确性。

本章的其他部分组织如下：在 3.2 节，我们描述了 LACS 模型以及定义在它上面的动力学过程。在 3.3 节，我们使用 MMCA 方法来分析 LACS 模型的暴发阈值。3.4 节为数值结果的展示及数值结果与理论结果的对比；另外，本章还研究了不同的局部感知比例对疾病扩散的影响，同时提出一个 1D 环模型来研究这里的两阶段现象。在 3.5 节，我们总结了本章内容并进行了一些讨论。

3.2　局部感知控制传染病传播模型（LACS）

LACS 模型构建在一个多重网络上，如图 3-1 所示。考虑一个两层网络，两层中个体节点相同但状态不同：第一层为感知传播层（awareness spreading），在这层上，如果一个人对疾病感知，则他的状态为 A 即感知状态，否则，他的状态为 U 即未感知状态；第二层为疾病传播层（epidemic spreading），如果个体被感染了，那么他的状态为 I 即感染状态，否则，他的状态为 S 即易感状态。为了简单起见，我们假设这个多重网络是无向无权的，层与层之间的连接形成了感知传播和疾病传播的耦合动力学过程。结合文献 [64] 可知，如果一个个体是感染的，那么很自然这个个体就处于感知的状态，因此，个体只有三种状态能够存在于这个多重网络上，即感知并感染（AI）、感知并易感（AS）、未感知并易感（US）。另外，需要注意的是，本模型中感知和疾病的传播过程不同，感知传播是阈值模型（threshold model），而疾病传播是经典的传染病模型（contagion model）。

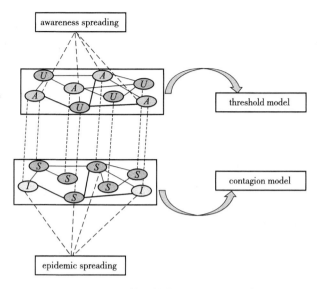

图 3-1　LACS 模型的多重网络结构示意图

　　正如上面提到的，在感知层上个体之间传播的是对疾病的感知，同时在疾病层上个体之间的疾病传播过程也在发生。感知动力学过程的演化定义如下：一方面，个体从未感知状态 U 变为感知状态 A 可以由两方面的因素造成，一是其感知状态的邻居数量与其度之比达到了临界值（局部感知比例 α），二是未感知状态的个体在疾病层由易感状态变成了感染状态；另一方面，个体从感知状态 A 变为未感知状态 U 同样有两种情况，一是该个体又变成了易感状态，二是其忘记了之前的感知（以概率 δ）。疾病传播层与经典的传染病模型（SIS）相似，一个易感个体能够被一个已感染的邻居以概率 β 传染，同时感染的个体能够以概率 μ 恢复为易感状态。

　　如果一个个体是感知的，那么他被感染的概率将会被削弱，我们使用 β^A 和 β^U 来分别代表感知状态下和未感知状态下的感染率，因此，$\beta^A \leqslant \beta^U$。为了简单起见，这里我们假设 $\beta^A = 0$，也就是说，当个体对疾病感知的时候，他会对疾病完全免疫。

3.3 基于 LACS 模型的微观马氏链（MMCA）方法

在这部分，我们使用概率树模型来说明 MMCA 方法，这个方法实际上是通过马尔科夫链表达的疾病传播演化的离散形式[125,126]。在图 3-2 中，我们揭示了在 LACS 模型中的所有状态（AI、AS、US）以及它们之间的转移概率，其中，μ 代表从感染状态变为易感染状态的概率，δ 代表从感知状态变为未感知状态的概率，q^A 代表感知节点不被邻居感染的概率，q^U 代表未感知节点不被邻居感染的概率，r 代表未感知节点不能变为感知节点的概率。为实现该耦合动力学过程随着时间的推进进行连续迭代，这里我们分别使用 $(a_{ij})_{N\times N}$、$(b_{ij})_{N\times N}$ 来表示节点在感知层和疾病层的邻接矩阵，其中 N 为个体节点总数。由于在时刻 t 个体 i 只能成为三种状态中的一种，我们分别用 $p_i^{AI}(t)$、$p_i^{AS}(t)$、$p_i^{US}(t)$ 来表示成为各种状态的概率。这样在感知层，我们把未感知的个体 i 不能变为感知个体的概率定义为 $r_i(t)$；在疾病层，我们把感知的个体 i 不被任何邻居感染的概率定义为 $q_i^A(t)$，同理，未感知的个体 i 不被任何邻居感染的概率定义为 $q_i^U(t)$。

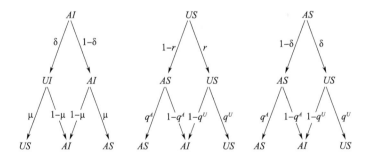

图 3-2　LACS 模型中状态转移概率树

根据以上定义，我们可以得到

$$
\begin{cases}
r_i(t) = \boldsymbol{H}\left(\alpha - \dfrac{\sum_j a_{ji} p_j^A(t)}{k_i}\right) \\[3mm]
q_i^A(t) = \displaystyle\prod_j (1 - b_{ji} p_j^{AI}(t) \beta^A) \\[3mm]
q_i^U(t) = \displaystyle\prod_j (1 - b_{ji} p_j^{AI}(t) \beta^U)
\end{cases}
\tag{3-1}
$$

注意式（3-1）的获得是基于每个邻居的影响都是独立的假设，这也是 MMCA 方法中的唯一近似。$\boldsymbol{H}(x)$ 是一个单位阶跃函数，也就是说，如果 $x > 0$，则 $\boldsymbol{H}(x) = 1$，否则 $\boldsymbol{H}(x) = 0$。换言之，只有它的感知邻居的比例超过了局部感知比例 α，$r_i(t)$ 才能为 0，否则的话 $r_i(t) = 1$。

根据图 3-2，三种不同状态的演化方程能够通过 MMCA 按照以下方法来描述[66]：

$$
\begin{cases}
p_i^{US}(t+1) = p_i^{AI}(t)\delta\mu + p_i^{US}(t) r_i(t) q_i^U(t) + p_i^{AS}(t)\delta q_i^U(t) \\[3mm]
p_i^{AS}(t+1) = p_i^{AI}(t)\mu(1-\delta) + p_i^{US}(t)[1-r_i(t)] q_i^A(t) + p_i^{AS}(t)(1-\delta) q_i^A(t) \\[3mm]
p_i^{AI}(t+1) = p_i^{AI}(t)(1-\mu) + p_i^{US}(t)\{[1-r_i(t)][1-q_i^A(t)] + r_i(t)[1-q_i^U(t)]\} \\[3mm]
\qquad\qquad + p_i^{AS}(t)\{\delta[1-q_i^U(t)] + (1-\delta)[1-q_i^A(t)]\}
\end{cases}
\tag{3-2}
$$

这个耦合动力学过程中存在一个疾病暴发阈值 β_c，疾病暴发阈值意味着当感染强度 β 低于这个阈值 β_c 的时候，初始的疾病会迅速消失，然而当传染强度 β 高于阈值的时候，疾病将会在人群中最终暴发开来。通过使 $t \to \infty$，由于 $p_i^{AI}(t+1)_{t\to\infty} = p_i^{AI}(t)_{t\to\infty} = p_i^{AI}$，$p_i^{AS}(t+1)_{t\to\infty} = p_i^{AS}(t)_{t\to\infty} = p_i^{AS}$，$p_i^{US}(t+1)_{t\to\infty} = p_i^{US}(t)_{t\to\infty} = p_i^{US}$，我们可以用式（3-3）的稳态分布来得到 β_c。在阈值附近，若记感知个体被感染的概率为 $p_i^{AI} = \epsilon_i$，由于前文假设感知状态下的感染率非常小（假设 $\beta^A = 0$），则感知个体被感染的概率 $p_i^{AI} = \epsilon_i \ll 1$；进一步，根据上面关于时间的假设，个体不被邻居感染的概率可以表达如下：

$$
q_i^A = \prod_j (1 - b_{ji} p_j^{AI} \beta^A) \approx \left(1 - \beta^A \sum_j b_{ji} \epsilon_j\right)
\tag{3-3}
$$

$$
q_i^U = \prod_j (1 - b_{ji} p_j^{AI} \beta^U) \approx \left(1 - \beta^U \sum_j b_{ji} \epsilon_j\right)
\tag{3-4}
$$

考虑三种不同状态的稳态概率（ p_i^{US} 、 p_i^{AS} 、 p_i^{AI} ）同时省去高阶项目，我们可以得到简化后的稳态方程：

$$p_i^{US} = p_i^{US} r_i + p_i^{AS} \delta \tag{3-5}$$

$$p_i^{AS} = p_i^{US} (1 - r_i) + p_i^{AS} (1 - \delta) \tag{3-6}$$

另外，我们得到个体 i 被感染的概率 ϵ_i ：

$$\begin{aligned}
\mu \epsilon_i &= p_i^{US} \left((1 - r_i) \beta^A \sum_j b_{ji} \epsilon_j + r_i \beta^U \sum_j b_{ji} \epsilon_j \right) \\
&\quad + p_i^{AS} \left(\delta \beta^U \sum_j b_{ji} \epsilon_j + (1 - \delta) \beta^A \sum_j b_{ji} \epsilon_j \right) \\
&= (p_i^{AS} \beta^A + p_i^{US} \beta^U) \sum_j b_{ji} \epsilon_j
\end{aligned} \tag{3-7}$$

注意到 $p_i^{AI} + p_i^{AS} + p_i^{US} = 1$ ，其中 $p_i^A = p_i^{AI} + p_i^{AS}$ 。由于 $p_i^{AI} = \epsilon_i \ll 1$ ，我们得到 $p_i^{AS} \approx p_i^A$ 和 $p_i^{US} = 1 - p_i^{AI} - p_i^{AS} = 1 - p_i^A$ ，又由 $\beta^A = 0$ ，所以上面的方程可以进一步描述为

$$\mu \epsilon_i = \beta^U (1 - p_i^A) \sum_j b_{ji} \epsilon_j \tag{3-8}$$

将式（3-8）两侧同时除以 β^U ，再将 ϵ_i 重新表述为 $\epsilon_i = \sum_j t_{ji} \epsilon_j$ ，其中 t_{ji} 是单位矩阵的元素，即当 $i = j$ 时 $t_{ji} = 1$ ，否则 $t_{ji} = 0$ ，则式（3-8）可以进一步简化为

$$\sum_j \left[(1 - p_i^A) b_{ji} - \frac{\mu}{\beta^U} t_{ji} \right] \epsilon_j = 0 \tag{3-9}$$

若记矩阵 $S = (s_{ij})_{N \times N}$ ，其中 $s_{ji} = (1 - p_i^A) b_{ji}$ ，则式（3-9）变为 $\sum_j s_{ji} \epsilon_j = \frac{\mu}{\beta^U} \sum_j t_{ji} \epsilon_j$ ，作为一个自满足方程，疾病暴发阈值 β_c^U 的求解就转化为特征值问题：疾病的暴发是满足式（3-9）的最小的 β^U ，则对应矩阵 S 的最大特征值，若假设 Λ_{max} 是矩阵 S 的最大特征值，则临界点就可以写为[66]：

$$\beta_c^U = \frac{\mu}{\Lambda_{max}} \tag{3-10}$$

3.4 耦合动力学过程的仿真

在上一节，我们解析得到了疾病暴发的条件，即当未感知状态下的感染概

率 $\beta > \beta_c^U$ 时，疾病会大规模暴发。本节将通过在不同的网络上对这个耦合动力学过程进行仿真来验证上述解析结果。

对于 $\delta = 0.8, \mu = 0.6$，多重网络的两层是通过幂指数为 3 的配置模型生成的相同的无标度（SF）网络，其中每层都有 104 个点，取平均度 $\langle k \rangle = 6$。对于不同的局部感知比例 α，图 3–3 展示了上述理论计算得到的疾病暴发阈值 β_c^U 与使用蒙特卡洛方法实际模拟出的真实暴发阈值之间的比较。其中蒙特卡洛模拟通过平均 30 次模拟来实现，初始条件被设置为 10% 的节点是感染的，根据并行更新原则迭代这个耦合动力学过程直到达到一个稳定状态，这个过程总共演化了 1 000 步。为了减少感染节点比例 ρ^I 的波动，我们使用时间平均以满足 $\rho^I = \dfrac{1}{T} \displaystyle\sum_{t=t_0}^{t=t_0+T-1} \rho^I(t)$，其中 $T = 20$（也就是说 $t_0 = 981$）。

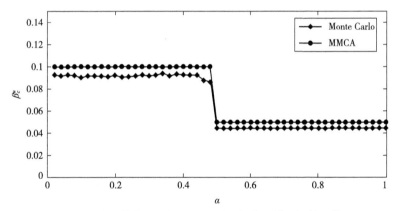

图 3–3　疾病暴发阈值的理论预测值与真实模拟值的比较

注：$\delta = 0.8, \mu = 0.6$。

如图 3–3 所示，我们发现在预测疾病暴发阈值方面，MMCA 方法和蒙特卡洛模拟仿真实现了较好的拟合。至于解析得到的结果总是比蒙特卡洛模拟的结果大，则主要因为在 MMCA 方法中，我们假设邻居的影响是相互独立的[64,117]，这个假设导致在 MMCA 方法中 $r_i(t)$ 的值某种程度上比蒙特卡洛模拟的结果要小，因而在蒙特卡洛模拟中疾病的暴发更为容易。除此之外，我们发现当局部感知比例 α 的值等于 0.5 时，疾病暴发阈值有一个突然的相变。局

部感知比例 α 所导致的疾病暴发阈值 β_c^U 呈现出两阶段现象的结果是很有趣的，这个两阶段的分界点是 $\alpha = 0.5$，第一阶段出现在 $\alpha \in [0, 0.5)$ 的范围内，第二阶段出现在 $\alpha \in [0.5, 1]$ 的范围内，并且在每个阶段，α 基本不会影响疾病暴发阈值。为了研究这个临界值是否跟多重网络的结构或者其他变量（包括恢复概率 μ 和忘记感知的概率 δ）的取值有关，我们也在不同类型的多重网络上使用不同的 μ 和 δ 的值做了大量的仿真。

接下来，我们把这个 LACS 模型应用到了两层的 Erdös–Rényi 随机网络上，这两层都有相同的拓扑结构，每层都有 104 个节点，平均度 $\langle k \rangle$ 为 5。所有这些仿真的初始条件是 10% 的节点被感染并且每条曲线都通过平均 10 次模拟来得到。在图 3-4 中，对于不同的 μ 和 δ 的取值，我们研究了局部感知比例 α 对疾病暴发阈值 β_c^U 的影响，其中，横坐标为感染强度 β，纵坐标为感染节点的比例 ρ^I。

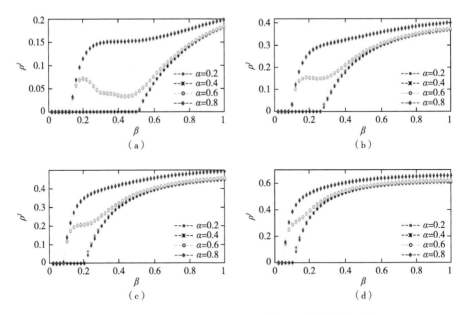

图 3-4　两层 Erdös–Rényi 随机网络中利用蒙特卡洛方法

模拟感染节点比例 ρ^I 随感染强度 β 的变化

注：(a) $\mu = 0.8$, $\delta = 0.3$；(b) $\mu = 0.6$, $\delta = 0.5$；(c) $\mu = 0.5$, $\delta = 0.6$；(d) $\mu = 0.3$, $\delta = 0.8$。每个子图中分别展示局部感知比例的四种情况，即 $\alpha = 0.2$（靠下的圆形线），$\alpha = 0.4$（交叉线），$\alpha = 0.6$（靠上的圆形线），$\alpha = 0.8$（菱形线）。

和 SF 网络相似，根据图 3-4 所展示的在 ER 随机网络中的情形我们发现，无论 μ 和 δ 取何值，局部感知比例 α 对疾病暴发阈值均有两阶段作用，这证明了这个两阶段作用在我们的模型中是不变的，与网络结构以及 μ 和 δ 的取值无关。为了保证完整性，我们也研究了其他有不同结构的多重网络的情形，在所有这些网络中，这个两阶段现象都存在（见 3.4.2 节及 3.4.3 节）；除此之外，我们也比较了经典的 UAU-SIS 模型与 LACS 模型（见 3.4.2 节及 3.4.3 节）。所有这些仿真都强调了一个结论，那就是暴发阈值的两阶段现象是由耦合动力学过程所导致的，换句话说，我们所揭示出的暴发阈值的两阶段现象是两层不同传播模型的结果：疾病传播是经典的传染病模型，而感知传播是阈值模型。为了更细致地研究这个临界点，接下来在 LACS 模型的框架内，我们使用一个 1D 环模型来分析这个现象。

3.4.1 基于 1D 环模型的临界点相变现象分析

我们考虑一个 1D 环模型，每层共有 104 个节点分布在一维圆环上，则每个节点有两个邻居节点，如图 3-5 所示。由于每个点的度为 2，因此其邻居的感知状态只有三种情形：两个邻居都不是感知的、只有一个邻居是感知的、两个邻居都是感知的。当 $0 \leqslant \alpha < 0.5$ 时，如果所有邻居都不是感知的，那么一个未感知节点转变为感知节点的概率就为 0；反之其至少有一个邻居是感知的，感知邻居数与其度的比等于 0.5 或等于 1，超过了局部感知比例 α，则该未感知节点以概率 1 转变为感知状态；当 $\alpha \geqslant 0.5$ 时，如果两个邻居都是感知的，那么一个未感知节点转变为感知节点的概率才是 1，否则，转变概率就为 0。图 3-5 描述了在不同局部感知比例下一个未感知节点的转换：当 $0 \leqslant \alpha < 0.5$ 时，（1）代表两种不同的未感知节点变为感知节点的情形，（2）代表未感知节点保持为未感知节点的唯一情形；当 $\alpha \geqslant 0.5$ 时，（1）代表未感知节点变为感知节点的唯一情形，（2）代表两种不同的未感知节点仍旧为未感知节点的情形。接下来，我们仍旧使用 MMCA 方法来研究这个 1D 模型的暴发阈

值，并通过分析来说明为什么两阶段现象会出现在 $\alpha = 0.5$。

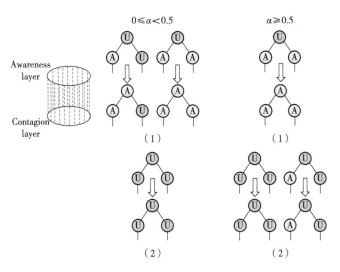

图 3-5　1D 环模型上 LACS 模型的例子

为了推导出 1D 环模型的暴发阈值，我们重新记录未感知节点的比例为 P_U，则感知节点的比例就是 $P_A = 1 - P_U$。由于环模型是同质性的（即所有节点地位相同），则一个节点是感知的概率为 P_A，是未感知的概率为 P_U，定义 $P^{(j)}$ 为一个节点有 j 个感知邻居的概率，$j = 0$，1，2，因此我们可以得到 $P^{(0)} = P_U^2$，$P^{(1)} = 2P_U P_A$，$P^{(2)} = P_A^2$。图 3-6 展示了 1D 环模型的转移概率树。

图 3-6 中，μ 仍然代表从感染状态变为易感状态的概率，δ 代表从感知状态变为未感知状态的概率，q^A 代表感知节点不被邻居感染的概率，q^U 代表未感知节点不被邻居感染的概率。经过对比发现，1D 环模型下 AI 和 AS 状态转变为其他状态的概率树和 SF 网络下的情形是一样的；对于 US 状态，由于临界局部感知比例 $\alpha = 0.5$ 的存在，根据不同的局部感知比例，有两种概率树，其中深色点代表这个点是感知的，浅色点表示这个点是未感知的，$P^{(0)}$ 代表两个邻居都是未感知的，$P^{(2)}$ 代表两个邻居都是感知的。

进一步通过使用 MMCA 方法来分析节点 i 的两个邻居的状态，我们能够得到 $P_i^{US}(t)$ 和 $P_i^{AS}(t)$ 这两个分别代表节点 i 是 US 或者 AS 状态的概率：

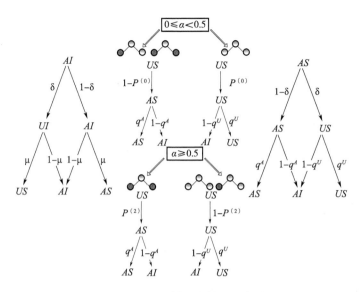

图3-6　1D环模型的转移概率树

① $0 \leqslant \alpha < 0.5$：

$$P_i^{US}(t+1) = P_i^{AI}(t)\mu\delta + P_i^{AS}(t)\delta q_i^U + P_i^{US}(t)P^{(0)}q_i^U$$

$$P_i^{AS}(t+1) = P_i^{AI}(t)\mu(1-\delta) + P_i^{AS}(t)(1-\delta)q_i^A + P_i^{US}(1-P^{(0)})q_i^A \tag{3-11}$$

② $\alpha \geqslant 0.5$：

$$P_i^{US}(t+1) = P_i^{AI}(t)\mu\delta + P_i^{AS}(t)\delta q_i^U + P_i^{US}(t)(1-P^{(2)})q_i^U$$

$$P_i^{AS}(t+1) = P_i^{AI}(t)\mu(1-\delta) + P_i^{AS}(t)(1-\delta)q_i^A + P_i^{US}(t)P^{(2)}q_i^A \tag{3-12}$$

在式（3-11）和式（3-12）中，P_i^{AI} 是节点 i 为状态 AI 的概率，其他变量与我们在上文定义的 LACS 模型中有相同的解释。我们也使用式（3-8）中相同的假设来推导式（3-11）和式（3-12）的稳态解。这样，式（3-11）和式（3-12）就能够按照如下来描述：

① $0 \leqslant \alpha < 0.5$：

$$P_i^{US} = P_i^{AS}\delta + P_i^{US}P^{(0)}$$

$$P_i^{AS} = P_i^{AS}(1-\delta) + P_i^{US}(1-P^{(0)}) \tag{3-13}$$

② $\alpha \geqslant 0.5$：

$$P_i^{US} = P_i^{AS}\delta + P_i^{US}(1-P^{(2)})$$

$$P_i^{AS} = P_i^{AS}(1-\delta) + P_i^{US} P^{(2)} \qquad (3\text{-}14)$$

注意到 $P^{(0)} = P_U{}^2$，$P^{(2)} = P_A{}^2$，将它们插入式（3-13）和式（3-14）中，我们得到：

① $0 \leqslant \alpha < 0.5$：

$$P_i^{US} = P_i^{AS}\delta + P_U{}^2 P_i^{US} \approx P_i^{AS}\delta \qquad (3\text{-}15)$$

由于我们有 $P_i^{US} + P_i^{AS} + P_i^{AI} = 1$ 并且在暴发阈值 β_c 附近 $P_i^{AI} = \epsilon_i \ll 1$，我们能够近似得到 $P_i^{US} + P_i^{AS} = 1$。因而，当 $0 \leqslant \alpha < 0.5$ 时，我们得到 $P_i^{US} = \dfrac{1}{1 + \dfrac{1}{\delta}}$。

② $\alpha \geqslant 0.5$：

$$P_i^{US} = P_i^{AS}\delta + P_i^{US}(1 - P^{(2)}) \approx P_i^{AS}\delta + P_i^{US} \qquad (3\text{-}16)$$

意味着当 $\alpha \geqslant 0.5$ 的时候，$P_i^{AS} \approx 0$ 并且 $P_i^{US} \approx 1$。

在图 3-7 中，我们展示了对暴发阈值 β_c 附近的未感知节点的最终比例的分析。同样近似认为 $\beta^A = 0$。图 3-7 显示，疾病暴发阈值的两阶段作用出现在 $\alpha = 0.5$ 处，插图展示了在 $\delta = 0.8$ 时理论分析 $P^{US} = \dfrac{1}{N}\sum_i P_i^{US}$ 和蒙特卡洛模拟的比较。插图显示，当 $\alpha < 0.5$ 时，理论结果略低于模拟结果；当 $\alpha \geqslant 0.5$ 时，理论结果与模拟结果完全重合。注意到在 1D 环模型下，当 $\delta = 0.8$ 且 $\alpha \in [0, 0.5)$ 时，我们的理论分析为 $P^{US} = \dfrac{1}{1 + \dfrac{1}{\delta}} = \dfrac{4}{9}$，否则 $P^{US} = 1$。这些结果显示了对暴发阈值 β_c^U 的两阶段影响，结合插图及实际情况分析可知，实际上如果越多的节点感知疾病，那么疾病越难暴发，暴发阈值也就越大。图 3-7 中的插图显示，$\alpha \in [0, 0.5)$ 时，未感知节点比例较小，因此感知节点比例较大，从而相应的疾病暴发阈值较大；$\alpha \in [0.5, 1]$ 时，未感知节点比例较大（约为 1），因此感知节点比例特别小，从而疾病暴发阈值很小。因此，在 $\alpha = 0.5$ 附近未感知节点呈现出差别极大的不同比例，导致暴发阈值有了突然的相变。也就

是说，上层的感知级联效应导致了下层疾病暴发阈值的两阶段结果。

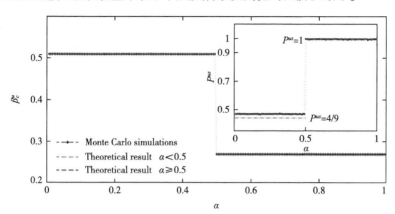

图 3-7 疾病暴发阈值 β_c^U 关于局部感染比例 α 的变化情况

由于对疾病而言，暴发阈值和最终感染规模是描述它的两个重要变量，在上面的分析中，我们探索了我们提出的 LACS 模型对暴发阈值的两阶段影响。为了更为全面地理解 LACS 模型对疾病的影响，在下一小节中，我们将研究局部感知比例对最终感染规模的影响。

3.4.2 局部感知比例对最终感染规模的影响

为了进一步研究局部感知比例对疾病传播的影响，对于在与图 3-3 所定义一样的 SF 双层网络上，在不同的恢复概率 μ 和忘记感知概率 δ 下，我们在图 3-8 和图 3-9 中展示了不同局部感知比例 α 下的疾病传播过程：将被感染节点的稳态比例 ρ^I 看作传染性 β^U 和局部感知比例 α 的函数。

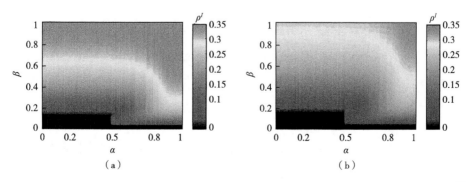

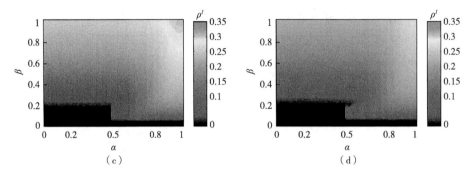

图 3-8　感染节点比例 ρ^I 作为感染强度 β^U 和局部感知比例 α 的函数的稳态分布

注：$\delta = 0.4$。恢复概率 μ 被从顶部左侧到底部右侧设置如下：（a）$\mu = 0.5$；（b）$\mu = 0.6$；（c）$\mu = 0.7$；（d）$\mu = 0.8$。这四个关于和图 3-3 定义相同的多重网络的 β—α 的相图是通过平均 20 次来获得的。

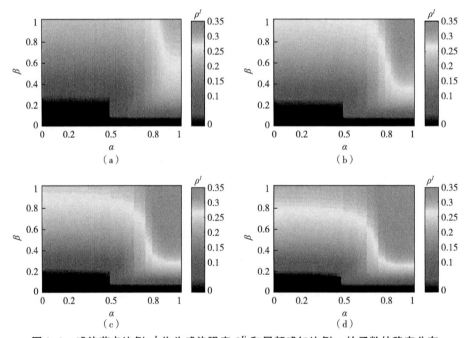

图 3-9　感染节点比例 ρ^I 作为感染强度 β^U 和局部感知比例 α 的函数的稳态分布

注：$\mu = 0.9$。忘记感知概率 δ 被从顶部左侧到底部右侧设置如下：（a）$\delta = 0.5$；（b）$\delta = 0.6$；（c）$\delta = 0.7$；（d）$\delta = 0.8$。这四个关于和图 3-3 定义相同的多重网络的 β—α 的相图是通过平均 20 次来获得的。

正如图 3-8 和图 3-9 所展示的，与疾病暴发阈值类似，对于最终感染比例，我们发现局部感知比例 α 在不同的恢复概率 μ 和忘记感知概率 δ 下同样产生了两种不同的影响：当 $\alpha \in [0, 0.5)$ 时，它对最终感染比例基本无影响；当 $\alpha \in [0.5, 1]$ 时，它就会对最终感染产生显著的影响，并且 α 越大，影响就越强烈。另外，图 3–8 和图 3–9 还显示出 δ 和 μ 对最终感染比例的影响：当 δ 越小或者 μ 越大时，疾病的最终感染比例也变得越来越小；并且图 3–8 显示的 μ 的增大导致最终感染比例的下降速度比图 3–9 显示的 δ 的减小所导致的最终感染比例的下降速度更快。这是因为 μ 能够直接影响感染节点比例的恢复概率，然而 δ 通过耦合动力学过程来影响感染节点比例的忘记感知概率。同时，在所有情形下，与图 3–3 和图 3–4 类似，暴发阈值 β_c^U 在 $\alpha = 0.5$ 处也呈现出一个突然的相变，这个在上面的 1D 环模型中也讨论过了。

接下来让我们回到我们的 LACS 模型来探索最终感染比例的两阶段现象的原因。由于 α 是局部感知比例（即如果未感知节点其感知状态的邻居数量与其度之比达到了临界值 α，则其从未感知状态 U 转变为感知状态 A），如果 α 变大，未感知节点变为感知节点的概率就会变小，个体对疾病的感知较弱从而没有及时采取保护措施，就会导致节点被感染的概率变大；但是更强的感染性也就导致更多节点变为感知状态，这就反过来促进了感知的传播。这个耦合的动力学过程决定了最终感染比例是这两个因素平衡后的结果。由于对暴发阈值的两阶段影响，暴发阈值被分成了两种情形：当 $\alpha < 0.5$ 时，更大的 α 对疾病传播的促进作用被感知范围的扩大所限制；然而，当 $\alpha > 0.5$ 时，较大的 α 展示了促进疾病传播的更大的能力并且导致最终产生更大比例的感染节点。因此，这个有不同传播动态的两层的耦合动力学过程帮助我们更好地理解了当 α 被设置为各种数值时最终感染比例出现差异的原因。

3.4.3　不同拓扑结构下多重网络上的耦合动力学过程

在本小节中，我们把 LACS 模型应用到了各种多重网络上来探索局部感知比例对疾病传播的影响。在图 3–10 中，我们研究了两层 Erdös-Rényi 网络上的传播过程，这两层 Erdös–Rényi 网络有着同样的拓扑结构（10^4 个节点，平均度 $\langle k \rangle$ 是 5）；在图 3-11 中，我们也研究了有两层不同拓扑结构的多重网络上的传播过程：感知层是定义如上的 Erdös–Rényi 网络，疾病层是通过配置模型生成的指数为 3 的 SF 网络（10^4 个节点，平均度 $\langle k \rangle$ 为 6）。

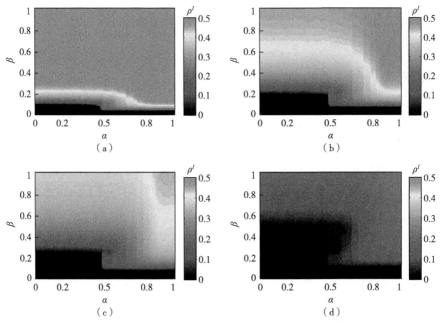

图 3-10 Erdös–Rényi 多重网络上，感染节点比例 ρ^I 作为

感染强度 β^U 和局部感知比例 α 的函数的稳态分布

注：其他变量被从顶部左侧到底部右侧设置如下：（a）$\mu = 0.3$，$\delta = 0.8$；（b）$\mu = 0.5$，$\delta = 0.6$；（c）$\mu = 0.6$，$\delta = 0.5$；（d）$\mu = 0.8$，$\delta = 0.3$。这四个多重网络的 β—α 的相图是通过平均 20 次来获得的，所有仿真的初始条件都是 10% 的节点是感染的。

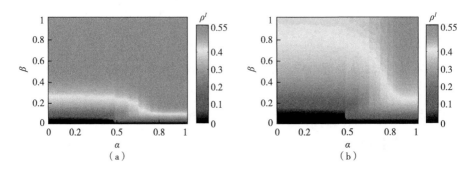

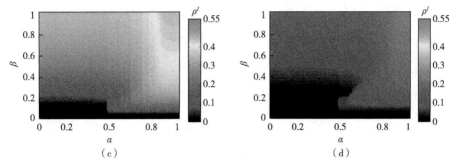

图 3-11　由两层不同网络构成的多重网络上，感染节点比例 ρ^I 作为

感染强度 β^U 和局部感知比例 α 的函数的稳态分布

注：其他变量被从顶部左侧到底部右侧设置如下：（a）$\mu = 0.3$，$\delta = 0.8$；（b）$\mu = 0.5$，$\delta = 0.6$；（c）$\mu = 0.6$，$\delta = 0.5$；（d）$\mu = 0.8$，$\delta = 0.3$。这四个多重网络的 $\beta - \alpha$ 相图是通过平均20次来获得的，所有仿真的初始条件都是 10% 的节点是感染的。

很显然，无论这两层网络属于什么类型，两阶段现象总是存在于这些多重网络上。另外，还有一个有意思的现象，图 3-8（d）（$\delta = 0.4$，$\mu = 0.8$）、图 3-10（d）（$\delta = 0.3$，$\mu = 0.8$）和图 3-11（d）（$\delta = 0.3$，$\mu = 0.8$）显示，在一定的区间增加 β，当 $\mu \gg \delta$ 时，感染节点比例非常低，感知级联超越了感染级联效应，并且这种超越现象在两层的 Erdös-Rényi 网络中尤其明显。为了更好地研究为什么存在这个有趣的现象，我们来仔细分析一下这个耦合传播过程的细节。正如在前文中描述的那样，μ 是感染节点恢复的概率，δ 是感知节点变为非感知节点的概率，因此，当增大 β 时，越来越多的节点变成了感染的（感染即感知）。同时，更大的 μ 导致更多节点恢复为易感染的，更小的 δ 让更多节点保持感知的状态，这些使得这个耦合动力学过程产生了更多状态为 AS 的节点，因此能够显著降低传播的速度，如果更大的 β 值的促进作用没有强大到超过 μ 和 δ 的联合作用，感染节点比例 ρ^I 将会变小而不是随着 β 而增大。考虑到 Erdös-Rényi 多重网络和 SF 多重网络的不同，比较这两种网络的不同结构也是非常必要的。由于有优先连接的原则，SF 网络比 ER 网络有一个取值更广的度分布，根据我们的 LACS 模型，在 SF 网络上让非感知的核心节点（度较大）变成感知节点是困难的，也就是说较大的 μ 和较小的 δ 生成了更多的 US 节点而不是 AS 节点。由于 AS 节点不仅仅能够降低 ρ^I，也能够促进感知的传播，因此对 SF 网络上传染过程的减速作用不如 ER 网络上那么强大，这也能够从对图 3–8（d）（一个双层 SF 网络）和图 3–11（d）（感知层是 ER 网络，另外一层是 SF 网络）的对比中发现。尽管这种不同仅仅体现在感知层的拓扑结构，但是已经足够体现 SF 多重网络上的超越现象远远没有包含 ER 层的网络明显，这也表明了感知传播对于这个耦合动力学过程的重要性。

接下来，我们也在和图 3–3 定义相同的两层 SF 网络上比较 UAU-SIS 模型[64] 和 LACS 模型。与我们的阈值模型不同，在 UAU-SIS 模型中未感知节点能够通过和它的邻居们交流从而以一定的概率 λ 变为感知的，因此我们也在不同的 λ 和局部感知比例 α 的条件下比较这两个模型。

正如图 3–12 和图 3–13 展示的，在不同的 λ 值下，这两个模型的动力学过程是彼此不同的：当 $\lambda \ll 1$ 时，UAU-SIS 模型的暴发阈值 β_c^{UAU} 满足 $\beta_c^{\alpha 1} \leqslant \beta_c^{UAU} < \beta_c^{\alpha 2}$，其中 $\beta_c^{\alpha 1}$、$\beta_c^{\alpha 2}$ 分别代表 LACS 模型的较小和较大暴发阈值。因而，通过把感知层考虑为一个阈值模型，关于疾病暴发的丰富的细节就被获得了。除此之外可以发现，不管 α 取值多少，随着 β 的增加，UAU-SIS 模型的最终感染比例比 LACS 模型增长得更快；然而当 $\lambda \to 1$ 时，在 α 较小的情况下，UAU-SIS 模型的动力学过程基本和 LACS 模型一样。注意到这两个模型的不同之处是在未感知节点变为感知节点的概率的定义上。当 $\lambda \to 1$ 时，如果节点 i 拥有感知邻居，这意味着未感知节点 i 变为感知节点的概率基本为 1；同时，由于 α 小于 0.5 时，LACS 模型上的传播过程基本是一样的，为了简单起见，我们考虑 $\alpha \to 0$ 的临界情况，此时如果节点 i 有感知的邻居，未感知节点 i 变为感知节点的概率基本上也是 1。这就导致了 $\lambda \to 1$ 时这两个模型上的动力学过程基本是一样的。

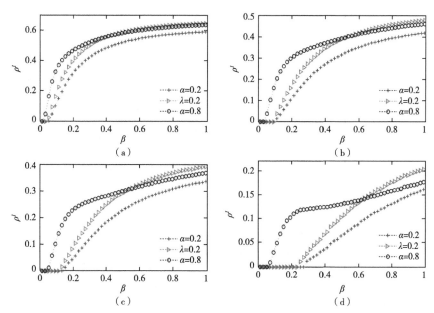

图 3-12 LACS 模型（圆形和加号）和 UAU-SIS 模型（三角形）
下感染节点比例 ρ^I 关于感染强度 β^U 的蒙特卡洛模拟情况

注：初始感染比例都被设置为 10%，$\lambda = 0.2$，$\alpha = 0.2$ 或者 $\alpha = 0.8$。其他变量分别设置如下：（a）$\mu = 0.3$，$\delta = 0.8$；（b）$\mu = 0.5$，$\delta = 0.6$；（c）$\mu = 0.6$，$\delta = 0.5$；（d）$\mu = 0.8$，$\delta = 0.3$。

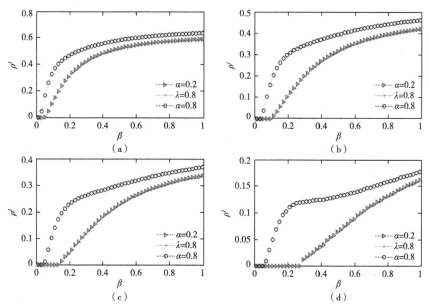

图 3-13 LACS 模型（圆形和三角）和 UAU-SIS 模型（加号）
下感染节点比例 ρ^I 关于感染强度 β^U 的蒙特卡洛模拟情况（彩色图见文献［66］）

注：初始感染比例都被设置为 10%，$\lambda = 0.8$，$\alpha = 0.2$ 或者 $\alpha = 0.8$。其他变量分别设置如下：（a）$\mu = 0.3$，$\delta = 0.8$；（b）$\mu = 0.5$，$\delta = 0.6$；（c）$\mu = 0.6$，$\delta = 0.5$；（d）$\mu = 0.8$，$\delta = 0.3$。

为了验证以上分析，在图 3-14 和图 3-15 中，我们比较了两个模型在不同网络上的表现。结果表明，当 $\lambda \to 1$ 且 α 小于 0.5 时，这两个模型的动力学过程基本上一样。因此，通过对 UAU–SIS 模型和 LACS 模型进行比较，我们又一次验证了 LACS 模型分析的正确性。综上，我们可以发现 LACS 模型让我们更好地理解了 UAU–SIS 模型并揭示了疾病传播更为丰富的细节。

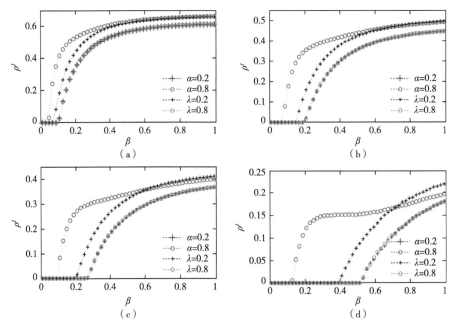

图 3-14 在和图 3-4 定义相同的两层 **ER** 网络上，**LACS** 模型（深色圆形和大加号）和 **UAU–SIS** 模型（浅色圆形和小加号）下感染节点比例 ρ^I 作为感染强度 β^U 的函数的稳态分布的蒙特卡洛模拟（彩色图见文献［66］）

注：初始感染比例设置为 10%，$\alpha = 0.2$ 或者 $\alpha = 0.8$，$\lambda = 0.2$ 或者 $\lambda = 0.8$。其他变量分别设置如下：（a）$\mu = 0.3$，$\delta = 0.8$；（b）$\mu = 0.5$，$\delta = 0.6$；（c）$\mu = 0.6$，$\delta = 0.5$；（d）$\mu = 0.8$，$\delta = 0.3$。

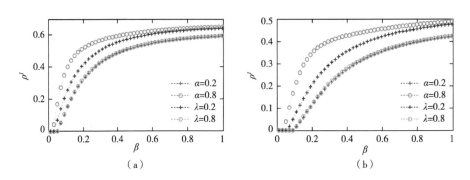

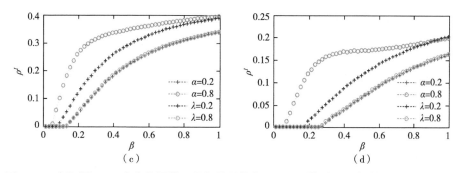

图3-15　在和图3-11定义相同的两层相异网络上，LACS 模型（深色圆形和浅色加号）
和 UAU-SIS 模型（浅色圆形和深色加号）下感染节点比例 ρ^I 作为
感染强度 β^U 的函数的稳态分布的蒙特卡洛模拟（彩色图见文献［66］）

注：初始感染比例设置为 10%，$\alpha = 0.2$ 或者 $\alpha = 0.8$，$\lambda = 0.2$ 或者 $\lambda = 0.8$。其他变量分别设置如下：（a）$\mu = 0.3$，$\delta = 0.8$；（b）$\mu = 0.5$，$\delta = 0.6$；（c）$\mu = 0.6$，$\delta = 0.5$；（d）$\mu = 0.8$，$\delta = 0.3$。

3.5　总结和讨论

本章在多重网络的架构下研究了感知的扩散对疾病传播的影响。结果显示，无论网络的结构和其他参数值是怎么样的，局部感知比例 α 对暴发阈值有两阶段作用，并且导致了不同的最终感染节点比例。具体来说，当 α 在 $[0, 0.5]$ 范围内时，暴发阈值是固定并且较大的一个；当 α 在 $(0.5, 1]$ 这个范围内时，暴发阈值也是固定的，但是较小的一个。至于最终感染比例，随着局部感知比例 α 的增大，最终感染节点比例也在增大，但是当 $\alpha \in [0, 0.5)$ 时，增长的速度明显比 $\alpha \in [0.5, 1]$ 时的速度要慢很多。这些现象在某种程度上可以解释为什么一些疾病不能暴发或者到达暴发阈值，从而让我们可以以一种有趣的方式来理解现实中的疾病传播：事实上，对一些疾病而言，如果一个人很容易去采取措施，即使他的朋友感知或者被感染的比例小于一半，也就是说局部感知比例 $\alpha < 0.5$，由于此时疾病暴发阈值是较大的，也就意味着疾病仍然难以暴发。此外，我们的结果也为我们通过不同的策略来预防疾病提供了一些有用的建议：对一些严重的疾病来说，个体的局部感知比例 α 较大概率位于 $[0, 0.5)$，表明他们并不需要过半数的邻居来告诉他们疾病的信息，而

由于暴发阈值较大并且降低局部感知比例对最终感染比例基本没有影响，我们应该做的是尽量隔离并且治愈感染的个体；但是对其他疾病来说，较大的局部感知比例 α 伴随着较小的暴发阈值，我们应该通过各种社会网络来通知疾病信息以获取群体的注意力，进而降低局部感知比例，这不仅能够提高暴发阈值，还能够降低最终的感染比例。最后，我们的 LACS 模型也能够被应用到其他的传播过程中，包括谣言传播，以更好地理解这些过程，为我们采取措施来控制谣言的传播范围提供了一些参考。

4 个体异质性对信息-疾病耦合动力学过程的影响

信息传播和疾病传播之间关系的研究是目前比较热门的一个研究方向，吸引了越来越多的注意。作为描述呈现出级联效应的信息传播的有效手段，感知级联已经被频繁用来研究这个耦合的过程。实际上，根据个体自身的经验和属性，不同的个体面对相同的疾病时会展现出不同的行为，因此考虑个体的异质性是非常重要的。基于此，我们提出了一个异质传播模型。为了描述个体节点的异质性，我们采用了度度量和 K-core 度量这两种重要的度量方法，分别在基于不同假设的三个模型进行研究，采用马尔科夫链方法成功预测出疾病传播阈值的趋势。此外，我们发现当 K-core 度量被用来对个体进行分类时，传播过程对这些模型展示出了鲁棒性，这意味着无论使用什么模型，传播过程在宏观层面基本上是相同的；与此同时，K-core 度量也导致了比度度量更大的最终感染比例。我们在合成网络以及一个实际的多重网络上对这些结果进行了大量的模拟验证。本章展示的结果提供了一个对 K-core 个体更好的理解，也揭示了研究不同的动力学过程时考虑网络结构的重要性。

4.1 引言

作为复杂网络领域重要的动力学过程，扩散过程[127,128] 尤其是疾病传播[8,102-103,105-109] 近年来引起了人们越来越多的兴趣，各种各样的模型被开发出来描述疾病[1]、谣言[129]、创新[130] 等的扩散。不同的因素[110,114,116]，例如人们之间接触的频率、疾病持续时间、特殊人群的免疫等被纳入不同的模型中，以提供对传播过程的一个更为现实和全面的理解。特别地，作为一个关于疾病、信息传播的重要代表，感知传播已经在研究界吸引了越来越多的兴趣[118-119,131-133]。这个领域开创性的一步由 Funk 等人迈出[118]，他们在研究疾病传播的同时还考虑了感知的扩散，他们的研究结果表明最终感染比例是能够被明显地减小的，然而疾病暴发阈值只有在感知足够强的时候才会被提高。与此同时，由于疾病和感知传播路径的不同，仅仅在一层网络上来考虑这个耦合传播过程使得我们很难对整个过程有一个较为全面的理解，因此，作为一种描述混合复杂系统的自然的方式，多重网络的方法近些年已经被发现成功地用于解释各种各样的动力学过程，包括疾病传播过程的丰富细节[17-26]。在多重网络的框架内，Clara 等人提出了一个 UAU-SIS 模型并且发现一个元临界点的存在[64,117]，这个临界点的存在使得疾病能够被延缓或者被控制。Guo 等人提出了一个局部感知控制疾病传播模型，其中感知层是一个阈值模型，并且运用了和 UAU-SIS 模型同样的框架来分析这个问题[66]，和蒙特卡洛模拟相比，解析结果展示了算法较高的准确性。

然而，在这些研究中都存在一个隐藏的假设，那就是所有的个体都是被公平对待的，即认为所有的个体地位相同。事实上，由于网络复杂的拓扑结构，就像在其他传播过程中一样，不同个体间的差异对疾病传播过程是有着显著影响的[134-136]，网络的较大异质性很大程度上决定了疾病传播的速度和效率[137-141]。例如，如果一个节点是一个有很多邻居的核心 hub 节点，那么即使该个体对疾病是感知的，由于其邻居众多，相对而言该个体仍旧是较为容易变为感染个体的，因而感知对疾病传播能力的减弱作用就不如其他个体那样强大了。综上，在疾病传播过程中考虑不同节点的异质性是很有必要的。除此之外，由于可被阈值模型[124] 描述的感知扩散过程对疾病传播有着显著的影响，引入异质的阈值模型来代替同质的异质模型也是很有必要的[66]。正如在

图 4-1 （a）中展示的那样，本章的目的是对感知层和疾病层都开发一个异质的传播模型，通过对这两个集合的因素的分析来更为深入地了解感知和疾病传播之间的相互作用。

这里，为了考虑个体节点的异质性，我们必须首先考虑那些能够被用来把个体分成不同类别的衡量方法。根据第 2 章所述，许多旨在对个体的重要性进行排序的不同的衡量方法已经在这些年被提出[65,142-143]，其中最直接且被广泛应用的是基于拓扑结构的节点度[8,136]。在一个有着较宽度分布的复杂网络上，核心节点（有着较多连接的个体，即度较大的节点）通常被认为是对网络中的最大传播过程负责的[8,136,143]；另外，节点度的度量方法属于节点异质性的局部衡量方法，而 K-core 度量作为节点异质性的一种全局度量方法，近些年来也得到了广泛的应用。K-core 分解也被称为 K-shell 分解（详见第 2 章），主要考察个体对社交网络上传播过程的重要性，并展示出丰富的内涵[143-145]。正如本书第 2 章所介绍的，K-core 度量通过分配一个代数指数 k_s 来描述个体的位置，然后剥离所有满足 $k \leq k_s$ 的个体，则外围的个体有较小的 k_s 值，而较大的 k_s 对应的是网络的中心[144]。这种度量说明网络中存在着一种合理情况，即网络中的一些真正的"核心"并不一定是网络中度最大的那些节点，而是真正处于网络中心的那些节点，如图 2-1 中的白色节点，虽然它的度在网络中是很大的，但是其 K-shell 值却是最小的。图 4-1 （b）和图 4-1 （c）是同一个网络的 K-core 度量和度度量的示意图。

图 4-1 （a）展示的多重网络结构中，上层是感知传播层，下层是疾病传播层；这两层的传播模型和拓扑结构都不相同，感知层是阈值模型，而疾病层是 SIS 模型；深色节点代表感知或者感染的节点。图 4-1 （b）~（c）展示了度分解和 K-core 分解的不同。图 4-1 （c）中按节点度的大小进行分解：最外层是度为 1 的节点，依次向内第二层是度为 2 的节点，第三层是度为 3 的节点，最内层是度为 4 的节点。图 4-1 （b）中展示的是同一个网络的 K-core 分解（分解过程详见本书第 2 章）：最外层是 k_s 值为 1 的节点即 1-shell，内层是

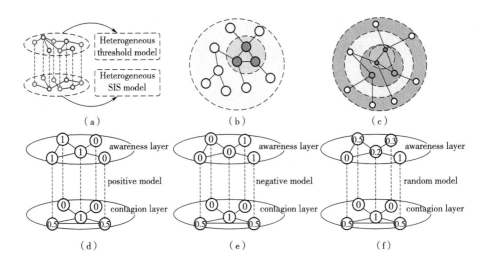

图4-1　异质 LACS 模型的图示

注：（a）为一个两层多重网络的简单说明；（b）～（c）分别是在 K-core 分解和度分解下的一个简单网络的图示法；（d）至（f）分别为关于局部感知比例 α 的线性正相关模型、线性负相关模型和随机模型的图示。

k_s 值为 2 的节点即 2-shell，也即该网络的核心，很明显，都是度为 3 的节点，一个处于网络核心，而另一个却在网络边缘位置。图 4-1（d）～（f）分别为局部感知比例 α 与感知层上节点的度或者 K-core 度量有一个线性正相关关系、线性负相关关系、随机关系（详见 4.2.1 节）。在我们的模型中，感知层对应的重要参数为局部感知比例 α，疾病层对应的重要参数为削弱比例 γ（详见 4.2.1 节）；本展示图中标注的节点上异质性数值为：感知层上使用的是 K-core 度量，疾病层上使用的是度度量。

在本章中，为了简单和完整起见，我们分别使用度和 K-core 度量的不同组合作为感知层和疾病层个体异质性的度量，以探索个体异质性对疾病传播的影响。通过考虑异质性我们发现，在疾病传播中 K-core 度量对节点的感知异质性表现出鲁棒性，意味着疾病传播过程在不同的感知异质性模型（正相关、负相关、随机）下保持不变；另外，正如 K-core 度量的定义所展示的一样，K-core 度量下个体的异质性能够促进疾病的传播，尤其是能够对最终感染比例产生较强的影响。这些结果是通过依据大量的在相关和无关的多重网络上的数值模拟得到的。除此之外，作为一个应用的例子，我们将我们的模型拓展到人类 HIV1 多重网络[146-147]并且得到了同样的结果，这些结果有助于更好地理解个体异质性对疾病传播的影响，也为研究抑制疾病传播的有效策略提供了一种路径。

4.2 不同度量下多重网络的异质性局部感知控制模型

为了更为清楚地展示我们的结果，我们首先在本节描述节点异质性不同度量下考虑到感知级联效应的疾病传播多重网络模型。为简单起见，我们假设多重网络是无权、无向网络。4.3 节将进行本节所介绍模型下的理论推导；4.4 节为人工合成网络上模型的仿真模拟；4.5 节为真实网络上模型的模拟；4.6 节为结论和展望。

4.2.1 多重网络上的异质 LACS 模型

局部感知控制疾病传播（LACS）模型包含两层，上层代表个体的感知状态，下层对应个体的疾病状态，感知层上的每个个体都与疾病层上的个体一一对应。这两层的结构一般来说可以不同，因为上层代表了信息的扩散，而疾病传播发生在下层。在感知层，如果一个个体对疾病是感知的，它就是感知（A）状态，否则，它就是未感知（U）状态；在疾病层，如果一个个体是感染的，它就是感染（I）状态，否则，它就是未感染（S）状态。感知层的个体传播对疾病的感知信息，而传染病过程则发生在疾病层；感知层是一个阈值模型，疾病层是一个经典的 SIS 模型。特别地，动态感知过程的演化是按照如下定义的：一方面，有两种情形能使一个未感知节点变为感知节点，一是该个体被感染，二是它的感知邻居的数量和它的度之比超过了临界点，也就是我们在前文中提到的局部感知阈值 α；另一方面，在感知层，一个感知节点能够以概率 δ 转变为未感知节点，同时在疾病层，一个易感节点能够以概率 β 被其已感染的邻居节点感染，而一个感染节点又能够以概率 μ 变回易感染状态。与前文相同，我们使用 β^A 和 β^U 来分别定义一个感知节点被感染的概率以及一个未感知节点被感染的概率。注意到，如果一个节点对疾病是感知的，它就会采取一定的防御措施来保护自己，这就导致了相对于未感知节点而言感知节点具有一个削弱的感染性，据此，我们记 $\beta^A = \gamma \beta^U$，其中，$\gamma \in [0, 1)$ 为感染削弱强度参数。每个节点同样只能是以下三种状态中的一种：未感知并且易感染（US）、感知并且感染（AI）、感知并且易感染（AS）。

根据以上定义，为了考虑在两层上节点的异质性，我们应该仔细研究一下这个耦合动力学过程的细节。感知层上的节点如果对疾病是感知的，那么在疾病层上就会对感染强度 β 进行削弱，这样，就实现了两层上两个扩散过程的耦合。然而，根据前文对节点异质性的解释及分析我们知道，网络中不同节点的作用和能力一般是不同的，考虑到节点的异质性，这个削弱程度（$1 - \gamma$）应该因人而异，也就是说疾病层应该是一个异质的 SIS 模型。事实上，让一个更重要的节点保持不感染状态是非常难的，这主要是由于整个系统显著依赖于某些关键节点，如果一个节点是一个关键参与者，那么在某种意义上该点的连接相比其他节点就更多且更为重要，其具有高活动性的特点，这就会导致与其接触率相比其很难使得防御措施十分有效，就像现实疾病传播中，那些接触人比较多的个体很容易被感染一样，因此，网络中的重要性越高的节点会具有一个更小的削弱程度（$1 - \gamma$）。基于以上分析，我们提出一个最简单的假设，即不同节点一般具有不同的削弱强度参数 γ，且节点的削弱强度参数 γ 与节点的重要性之间为一个线性模型，从而根据每个节点的重要性为它们分配一个适当的 γ 值，实现将节点异质性引入传播模型的目的。因为我们在本章中主要使用节点的度量和 K-core 度量来衡量节点的重要性，因此，本模型中的削弱强度参数的线性模型就定义如下：

$$\gamma_i = \frac{k_i - k_{\min}}{k_{\max} - k_{\min}} \text{ 或者 } \gamma_i = \frac{k_s^{\ i} - k_s^{\ \min}}{k_s^{\ \max} - k_s^{\ \min}} \tag{4-1}$$

其中，k_{max} 和 k_{min} 分别表示疾病层上节点度的最大值和最小值；k_s^{max} 和 k_s^{min} 分别是疾病层上节点 K-core 度量即 K-shell 值的最大值和最小值；节点 i 的度和 K-core 指数分别用 k_i 和 k_s^i 表示。

我们采用以上方式将节点异质性引入疾病传播层，而在感知层，最重要的参数为局部感知阈值参数 α。为了在感知层考虑节点的异质性，我们为每个节点分配不同的局部感知比例 α。为了完整和简单起见，我们提出了三个模型，即线性正相关模型、线性负相关模型及随机模型，来为节点 i 配置局部感知比例，详见 4.2.2 节。

4.2.2 局部感知比例与节点异质性的三种关系假设

现实情况下，不同节点对疾病的感知程度是不同的。以度度量为例，有的时候，节点越重要，按照前文关于节点变为感知状态的第二种情形可知，其变为感知状态越困难，换句话说，其局部感知阈值参数 α 越大，可以简单地假设节点局部感知阈值 α 与其异质性度量指标值线性正相关；而有的时候，节点越重要，则其产生的关系越多，从而可以获得越多的信息，其变为感知状态也会更容易，则其局部感知阈值参数 α 越小，此时可以简单地假设节点局部感知阈值 α 与其异质性度量指标值线性负相关；第三种情况可以认为二者没有明显的正负相关关系，二者之间是随机的。基于此三种情况并结合本章前文的模型描述，我们提出节点异质性的度度量及 K-core 度量下多重网络的异质性局部感知控制的三种模型。

4.2.2.1 线性正相关模型

这个模型假设局部感知比例 α 与感知层上节点的度或者 K-core 度量有一个线性正相关关系：

$$\alpha_i = \frac{k_i - k_{min}}{k_{max} - k_{min}} \text{ 或者 } \alpha_i = \frac{k_s^i - k_s^{min}}{k_s^{max} - k_s^{min}} \tag{4-2}$$

其中，k_{max}、k_{min}、k_s^{max}、k_s^{min}、k_i 以及 k_s^i 和在疾病层上有相同的含义，但是是基

于感知层的拓扑结构的。

4.2.2.2 线性负相关模型

与线性正相关模型相反，线性负相关模型假设在感知层局部感知比例 α 与节点的度或者 K-core 指数有一个线性负相关关系：

$$\alpha_i = \frac{k_{max} - k_i}{k_{max} - k_{min}} \text{ 或者} \alpha_i = \frac{k_s^{max} - k_s^{i}}{k_s^{max} - k_s^{min}} \tag{4-3}$$

其中，k_{max}、k_{min}、k_s^{max}、k_s^{min}、k_i 和 k_s^{i} 也与线性正相关模型有相同的含义。

4.2.2.3 随机模型

在这个随机模型中，我们在 [0, 1] 范围内为感知层上的个体随机分配不同的 α 值，此模型中有相同的度或者 K-core 指数的个体可能会有不同的局部感知比例 α：

$$\alpha_i = random[0, 1] \tag{4-4}$$

我们在图 4-1（d）、（e）、（f）中对以上三个模型分别进行了示意图展示。需要强调的是，由于削弱强度参数只与疾病层的网络结构相关，而以上三个模型主要是基于感知层的情况进行的分类，因此感知层模型的以上三种情况下疾病层上的削弱强度参数保持不变，均符合式（4-1）的定义。

4.3 异质 LACS 模型上的耦合动力学过程

基于 4.2 节中给定的异质 LACS 模型的定义，与第 3 章常规 LACS 模型的分析方法类似，本节采用 MMCA 方法来分析异质 LACS 模型下疾病暴发阈值和最终感染比例这两个关键因素。为了帮助读者更好地理解我们的模型，我们在表 4-1 中列出了模型中出现的一些关键变量的含义。

表 4-1　一些关键变量的含义

变量名	描述
α_i	节点 i 的局部感知阈值参数

变量名	描述
δ	节点从感知变为非感知的转移概率
β^U	非感知个体的感染概率
β^A	感知个体的感染概率
μ	感染个体的恢复概率
γ_i	感知节点 i 的削弱感染强度参数
k_i	节点 i 的度值
k_s^i	节点 i 的 K-core 度量值
$P^I(s)$	度或者 K-core 度量值为 s 的节点的平均感染概率
$P^A(s)$	度或者 K-core 度量值为 s 的节点的平均感知概率

根据上面定义的异质 LACS 模型，同样记 $A=\{a_{ij}\}_{N\times N}$ 和 $B=\{b_{ij}\}_{N\times N}$ 分别代表感知层和疾病层的邻接矩阵，其中 N 是每层的节点数量；记个体 i 不会从状态 U 转变为状态 A 的概率为 r_i；感知（未感知）节点不会被其邻居感染的概率为 q_i^A（q_i^U）。考虑关于时间的演化，我们有

$$r_i(t) = \mathbf{H}\left(\alpha_i - \frac{\sum_j a_{ji}p_j^A(t)}{k_i}\right) \tag{4-5}$$

$$q_i^A(t) = \prod_j (1 - b_{ji}p_j^{AI}(t)\beta_i^A) \tag{4-6}$$

$$q_i^U(t) = \prod_j (1 - b_{ji}p_j^{AI}(t)\beta^U) \tag{4-7}$$

其中，$p_j^A(t)$、$p_j^{AI}(t)$ 代表个体 j 分别是感知状态和感染状态的概率。除此之外，单位阶梯函数 $\mathbf{H}(x)$ 的定义与第 3 章相同：如果 $x>0$，$\mathbf{H}(x)=1$，否则 $\mathbf{H}(x)=0$。也就是说，根据节点 i 的邻居的感知状态以及节点 i 对应的局部感知阈值 α_i 的情况，其 $r_i(t)$ 只能是数值 0 或者 1。因为采用 MMCA 方法进行分析，因此唯一的近似仍为节点所有邻居的作用都是相互独立的[64,117]。与第 3 章常规 LACS 模型式（3-2）中不同的是，感知层节点异质性导致不同节点的局部感知阈值 α 不同，因此替换为 α_i；在常规 LACS 模型中，仅假设 $\beta^A \leqslant \beta^U$，推导过程假设 $\beta^A=0$，而在本章的异质 LACS 模型中假设感知节点的感染概率

$\beta^A = \gamma \beta^U$，并且削弱感染强度参数 γ 与节点异质性满足线性正相关（详见式 (4-1)），因此不同节点的 β^A 值不同，记为 β_i^A，而 β^U 与常规 LACS 模型相同，对不同节点取值相同。

按照上一章 MMCA 方法的类似推导过程，我们可以得到异质 LACS 模型下的疾病暴发阈值 β_c^U：

$$\beta_c^U = \frac{\mu}{\Lambda_{max}}$$

即疾病暴发阈值 β_c^U 的计算转变为特征值问题的求解，其中 Λ_{max} 仍然是矩阵 S 的最大特征值，但此处 S 是元素为 $s_{ji} = \left[1 - (1 - \gamma_i) p_i^A \right] b_{ji}$ 的矩阵。

4.4 不同生成网络上的动力学过程仿真

为了研究节点异质性对耦合动力学过程的影响，本部分将在不同主成网络上进行仿真展示。由于我们的模型包含两层并且每层都有它自己的异质性度量，无论是度还是 K-core 度量，四种异质性度量的情形存在于这个多重网络：①度度量与度度量；②度度量与 K-core 度量；③K-core 度量与度度量；④K-core 度量与 K-core 度量。最近的工作已经展示层间的关联能够对多重网络上的动力学过程产生一个显著的影响[148-150]。根据层间关联的具体情况，多重网络可分为正相关层间关联多重网络、负相关层间关联多重网络及无关多重网络。正相关多重网络满足下述条件：一个在社交网络中较为重要或者有较多连接的个体也有很大可能在其他种类的网络上有很多连接，即在一层中是重要的节点，在另外一层也是重要的。负相关多重网络则相反。研究发现，一个正相关的层间关联相比于负相关的层间关联更为普遍[18,151]。考虑到层间关联对多重网络上动力学过程的影响，本节的仿真将分别在两层相同网络结构（最大正相关层间关联）、两层不同网络结构（无关层间关联）的人工合成网络，以及介于最大正相关层间关联与无关层间关联多重网络之间的

HIV1 真实网络上进行。

4.4.1　两层相同网络结构下异质 LACS 模型的仿真模拟

图 4-2 展示了在 SF 多重网络上的结果，其中感知层和疾病层都是同样的 SF 网络，每层网络通过指数为 3 的生成模型[152] 构造并且包含 10^4 个节点，网络的平均度 $\langle k \rangle =$ 6。由于这两层的拓扑结构是相同的，这个多重网络有最大的正相关性[148-149]，这也是相关的多重网络的最简单的情形。图 4-2 展示了节点异质性的不同度量标准下疾病传播的仿真情况，感知层与疾病层的节点异质性度量分别包含度度量与度度量、度度量与 K-core 度量、K-core 度量与度度量、K-core 度量与 K-core 度量四种组合情况，以探究节点异质性对信息–疾病动力学过程的影响。为了启动传染过程的仿真，初始时刻疾病层上有 20% 的节点被设置为感染状态，同时感知层上相应的这 20% 的节点被设置为感知状态。在异质 LACS 模型中，根据疾病层上节点的度或者 K-core 度量，每个点在疾病层上都有一个固定的削弱感染强度参数 γ，且在感知层上的不同的异质性模型下，每个节点也都有一个不同的局部感知比例 α。按照上文描述的这个耦合动力学过程的规则并行更新迭代直到最终感染比例 ρ^I 达到一个稳定状态，从而得到两层 SF 多重网络的异质 LACS 模型的仿真结果。

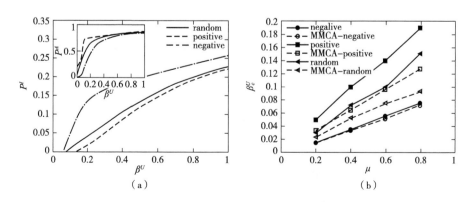

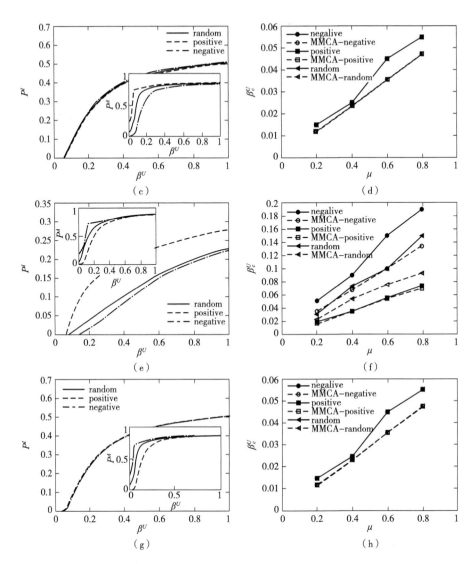

**图4-2 SF-SF 网络上，三个异质性模型对耦合动力学过程的
影响以及 MMCA 方法对疾病暴发阈值的仿真计算**

注：(a)、(c)、(e) 和 (g) 展示了三种模型下蒙特卡洛模拟计算的最终感染比例作为感染性 β 的
函数稳态结果，分别是随机模型、线性正相关模型和线性负相关模型，插图中展示的是感染节点（ρ^I）
和感知节点（ρ^A）的稳态比例，$\mu = 0.8$，$\delta = 0.3$。(b)、(d)、(f) 和 (h) 展示了疾病暴发阈值的理
论计算值与真实值的情况，其中蒙特卡洛模拟的真实值为实线，MMCA 方法计算得到的理论值为点线，
且此四幅图中的所有线条对应的 δ 均为 0.1。(彩色图见文献 [144]）

图4-2 分别展示了感知层与疾病层节点异质性度量方式的不同组合下感染
比例及感染阈值的模拟情况：(a)、(b) 为度度量与度度量的组合；(c)、

（d）为度度量与 K-core 度量的组合；（e）、（f）为 K-core 度量与度度量的组合；（g）、（h）为 K-core 度量与 K-core 度量的组合。从图 4-2（a）、（c）、（e）、（g）展示的最终感染比例 ρ^I 的情况可以看出，此耦合传播过程强烈地依赖于疾病层上节点的异质性度量：当 K-core 被用在度量节点在疾病层上的异质性时（图 4-2（c）、（g）），节点在感知层上的异质性度量方式对疾病传播过程基本没有影响（感知层上随机、正相关、负相关三种模型下曲线基本重合）；然而，当疾病层的异质性度量是度度量时（图 4-2（a）、（e）），节点在感知层上异质性的不同度量方法的使用对同样的模型造成了显著的差别，例如在图 4-2（a）中，感知层是度度量并且负相关模型的传播速度比其他传播速度明显更快（斜率更大），这就意味着暴发阈值更小并且最终感染比例更大。图 4-2（b）、（d）、（f）、（h）展示的感染阈值 β_c^U 呈现出与上述最终感染比例 ρ^I 相同的规律。以上这些现象表明，当疾病层上每个节点的感染强度是根据 K-core 度量来分配的时候，无论感知层上的节点异质性模型是什么，传播过程都是"鲁棒的"。换言之，作为信息传播的一种代表，当我们根据个体节点的 K-core 指数对节点的疾病特点进行分类时，节点感知的异质性对疾病传播行为基本上是没有影响的，K-core 指数是一个对感知的级联效应"鲁棒的"疾病传播结构。此外，图 4-2 显示：当 K-core 度量被用于节点在疾病层异质性的度量时，最终感染比例明显比用度度量的情况下更大。在我们的模型中，根据削弱比例 γ 的定义（式（4-1）），不管疾病层上节点异质性的度量采用度度量还是 K-core 度量，都是本着一个更重要的节点对应的削弱感染强度参数 γ 更大，从而根据关系式 $\beta^A = \gamma\beta^U$ 可知其是更容易被感染的。而图 4-2 显示的疾病层采用 K-core 度量下比采用度度量下最终感染比例 ρ^I 更大说明：K-core 度量被用在疾病层时，可以更清楚地揭示节点在某种情况下作为一个更有影响力的传播者的角色[90]。

此外，为了更好地理解感知层上的耦合动力学过程导致的结果，研究感知层上的传播也是很有趣的。在图 4-2（a）、（c）、（e）和（g）的插图中，我们观察到当感知层都是度度量时（图 4-2（a）、（c）），不管疾病层节点异质性采用哪种度量方式，感知的传播都是类似的；而当感知层都是 K-core 度量时，也展示出了相似的结果（图 4-2（e）、（g）），这说明感知的传播也是主要依赖于感知层的。另外，无论感知层上的异质性模型是怎样的，随着 β 的增大，感知节点的稳态比例 ρ^A 都表现出了两种不同的传播过程：在第一个传播过程中，当 β 较小时，不同的模型有不同的 ρ^A 值；但是随着 β 的增大，这个差距变得越来越小。这就说明了在不同的 β 数值下研究这个耦合动力学过程的必要性。

进一步地，我们也比较了 MMCA 方法和蒙特卡洛模拟对暴发阈值的计算，如图 4-2（b）、（d）、（f）和（h）所示。当疾病层是 K-core 度量时（图 4-2（d）、（h）），在感知层节点异质性的三种模型下情况完全相同，MMCA 理论计算的结果与蒙特卡洛模拟的真实结果吻合度较高，说明了 MMCA 方法展现出较高的预测准确性。然而，当疾病层是度度量时（图 4-2（b）、（f）），三种模型下 MMCA 理论计算的结果与蒙特卡洛模拟的真实结果的吻合情况差别很大：在图 4-2（b）中，正相关模型的疾病暴发阈值比负相关模型的疾病暴发阈值要大，但是理论值与真实值的拟合准确性没有负相关模型的高；而在图 4-2（f）中，情况恰好相反，负相关模型的疾病暴发阈值比正相关模型的疾病暴发阈值要大，但是理论值与真实值的拟合准确性没有正相关模型的高。综上所述，虽然整体来看 MMCA 方法计算的理论暴发阈值比蒙特卡洛模拟得到的结果均较小（原因详见本书第 3 章），但是在 K-core 度量下针对感知模型的三种不同情况结果更稳定且理论值与真实值之间的差距较为适中。这个现象也说明，在这个耦合的传播过程中，与度度量相比，K-core 度量是一种衡量节点异质性的更好的方式。

为了研究不同的模型导致显著不同的结果的原因，我们把节点简单地分为两类：一类包含有较大度或者 K-core 指数的节点，另一类包含有着较小度或 K-core 指数的节点，如图 4-3 所示。由于本小节中研究的这个多重网络的两

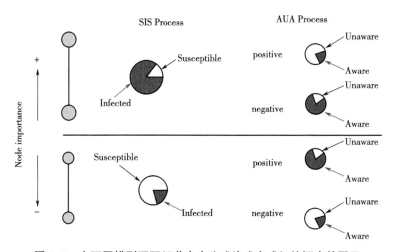

图 4-3　在不同模型下两组节点变为感染或者感知的概率的图示

注：较大的板块面积表示更大的概率。对处在上层群组有较大重要性的节点，其感染的概率是较大的；同时，感知概率在正相关模型下是较小的，在负相关模型下是较大的。相反的情形出现在了下层群组的节点上：在负相关模型下，感染概率和感知概率都是较小的；在正相关模型下，感知概率是较大的。

层结构是完全相同的，因此一层上的一个"核心"也是另外一层上的"核心"。接下来，我们通过考虑这两层的度量方式相同的情形，来定性地分析耦合动力学过程：①当两层都用度度量并且感知层是正相关模型时，根据式（4-1）可知有较大度的节点倾向于更容易变为感染状态，又由感染即感知，则其很容易演变为 IA 状态；而对于度较小的节点，根据式（4-1）可知，其具有较低的感知感染概率，即它的预防会是有效的，同时根据正相关模型下局部感知阈值 α 的公式（4-2）可知，其具有较小的未感知状态转变为感知状态的阈值，从而其更容易转变为感知状态，此时这类节点更容易变为 SA 状态。②然而，当两层都用度度量并且感知层是负相关模型时，有较小度的节点仍然具有较小的感染概率，但是具有较大的局部感知阈值，导致其很难转变为感知状态，从而其更容易成为 SU 状态，因为感知能够削弱感染性，则未感知会增强传染性，因此负相关模型下疾病暴发就会更容易发生。③在 K-core 度量的情形下，根据对 K-core 指数的计算，因为节点 K-core 指数的分布不如度分布那样广[91]，从而有较大 K-core 指数的节点可能没有特别多的连接，因此，和度度量的情形不同，当感知层是正相关模型时，有较大 K-core 指数的节点是

SU 状态的可能性较大，这个因素加速了疾病的传播，和度度量的情形相比，它导致了正相关模型和负相关模型之间更小的差距。这样，由于这些因素的平衡，K-core 度量对不同模型的鲁棒性就提高了。

由于感知传播的过程与疾病传播过程不同，为了研究这些传播过程的细节，我们考虑有一个给定度或 K-core 指数的节点的平均感染（感知）概率 P^I（P^A），即对于异质性度量指标值（度或者 K-core）为 k 的节点的平均感染（感知）概率定义如下：

$$P^I(k) = \sum_{i \in h(k)} \frac{P^I(i)}{|h(k)|} \qquad P^A(k) = \sum_{i \in h(k)} \frac{P^A(i)}{h(k)}$$

其中，$h(k)$ 表示疾病层或者感知层上异质性度量值为 k 的节点的集合；$|\cdot|$ 表示集合的规模，即集合中节点的个数；$P^I(k)$ 为异质性度量值为 k 的节点在疾病传播过程中是感染状态的平均概率，$P^A(k)$ 为异质性度量值为 k 的节点在感知传播过程中是感知状态的平均概率。

图 4-4 展示了在与图 4-2 定义相同的双层 SF 网络上，感知层与疾病层节点异质性度量方式的四种组合情形下 $P^I(k)$ 和 $P^A(k)$ 的变化情况。考虑到不同的感染概率值对感知节点的稳态比例有明显的作用，我们研究了 $\beta^U = 0.2$ 和 $\beta^U = 0.8$ 两种情形。图 4-4 显示，在 $\beta^U = 0.2$ 的情况下，我们发现当疾病层是度度量时（第一排的第一幅图和第三幅图），感染概率 $P^I(k)$ 的分布上下有一定的宽度，意味着 $P^I(k)$ 不是一个关于度的严格单调的函数；然而当疾病层是 K-core 度量时（第一排的第二幅图和第四幅图），$P^I(k)$ 随着 K-core 指数的增长呈现出严格的单调变化，且是单调递增的。在感知层却出现了相反的情形：当感知层是 K-core 度量时（第一排的第三幅图和第四幅图），$P^A(k)$ 不是一个单调函数；然而当感知层采用度度量时（第一排的第一幅图和第二幅图），$P^A(k)$ 虽然也不是严格的单调函数，但是与单调函数非常相似。以上结论表明，在耦合动力学过程中，当 β^U 很小时，疾病层采用度度量时，由于 $P^I(k)$ 关于 k 并不是单调递增的，因此在疾病传播中的度核心并不总是真正的

核心；同样，在感知传播中有较大 K-core 指数的节点也不一定是真正的核心节点。另外，图 4-4 显示，当 β^U 较大时（$\beta^U = 0.8$），K-core 度量在两层上均展示出了一个稳定的单调性，结合 $\beta^U = 0.2$ 时 K-core 在疾病层上展示出的稳定的单调性，表明对疾病层来说，K-core 度量是一个在异质性模型中把节点分成不同组别的合适的异质性度量。同时，图 4-4 也帮我们理解了不同模型中 P^I 和 P^A 的不同，例如当疾病层采用 K-core 度量时（图 4-4 中每一排的第二幅图和第四幅图），P^I 对应的 positive-infected、negative-infected 模拟数据完全重合或者基本完全重合，这说明 K-core 度量下疾病的传播对异质性模型是鲁棒的。

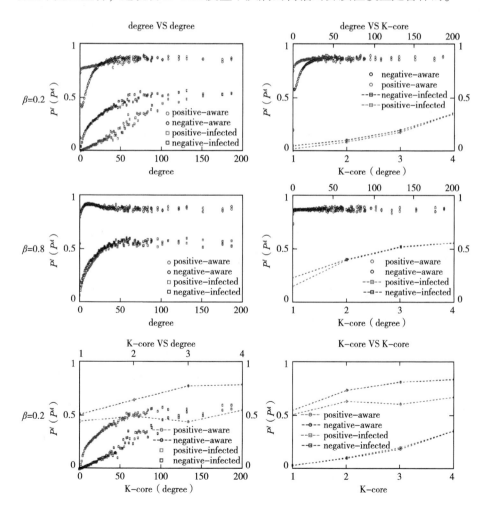

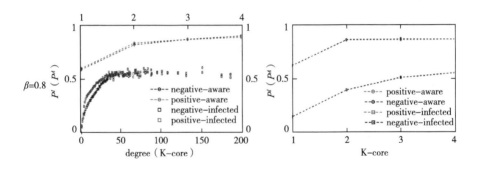

图 4-4 双层 SF 多重网络上（图 4-2 中的网络）平均感染概率 $P^I(k)$

以及平均感知概率 $P^A(k)$ 关于度或者 K-core 指数的变化情况

注：x 轴代表度或者 K-core 度量值，y 轴表示感染或者感知的平均概率；$\mu = 0.8$，$\delta = 0.3$，第一排和第二排分别是在 $\beta^U = 0.2$ 和 $\beta^U = 0.8$ 的情况下；positive-aware、negative-aware 分别对应的是正相关及负相关模型下平均感知概率 $P^A(k)$ 的变化，positive-infected、negative-infected 分别对应的是正相关及负相关模型下平均感染概率 $P^I(k)$ 的变化；每一排的四幅图分别对应感知层和感染层异质性度量方式的四种组合情况，即度度量和度度量，度度量和 K-core 度量，K-core 度量和度度量，K-core 度量和K-core 度量。

4.4.2　两层不同网络结构下异质 LACS 模型的仿真模拟

由图 4-2 可知，当耦合动力学过程中的两层都为 SF 时，疾病层在 K-core 度量下对异质性模型展示出了鲁棒性。通过图 4-5 左侧图像我们发现，当耦合动力学过程的两层都是 ER 网络时，疾病层同样在 K-core 度量下对异质性模型展示出了鲁棒性。为了考察耦合动力学过程的两层在不同结构下的情况，我们生成了 ER+SF 两层耦合结构[95]。由图 4-5 右侧展示的结果可知，疾病层在 K-core 度量下对异质性模型同样表现出了较强的鲁棒性，并且与 SF+SF 及 ER+ER 情况类似，最终感染比例都是较大的。此外我们还发现，异质性度量的各种组合情况下，随着 β 变得足够大，感知扩散过程都逐渐达到了一个稳定状态，这与图 4-2 展示的 SF+SF 结构下是相同的。尽管已有的各种研究表明层间的关联对多重网络具有较大的影响，本章中有关异质 LACS 模型的研究结论说明 K-core 度量下异质 LACS 模型的传播过程其实对层间关联是鲁棒的。

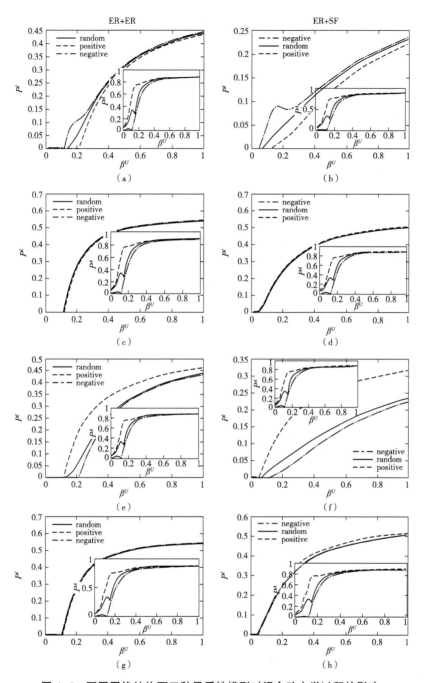

图 4-5 不同网络结构下三种异质性模型对耦合动力学过程的影响

注：两层中每层均有 104 个节点，左侧是 ER+ER 结构，右侧是 ER+SF 结构。三种异质性模型为正相关模型、负相关模型和随机模型。感知层和疾病层节点异质性度量方式的四种组合情况为：（a）、（b）为度度量和度度量，（c）、（d）为度度量和 K-core 度量，（e）、（f）为 K-core 度量和度度量，（g）、（h）为 K-core 度量和 K-core 度量。每条线代表了平均 50 次的独立的蒙特卡洛模拟结果。（彩色图见文献 [144]）

4.5　HIV1 实际多重网络上的动力学过程仿真

以上数值模拟均是在人工合成的网络上进行的，为了更加丰富地展示 K-core 度量和度度量的不同作用，我们考虑一个人类 HIV1 多重网络[146-147] 作为一个现实的例子。这个多重网络有五层，每层代表一种人类基因和蛋白质相关的因素之间的联系。为了模拟我们的耦合动力学过程，我们只选择网络的两层，即物理关联层和直接关联层，如图 4-6 所示。由于这个多重网络不同层之间既不是结构完全相同（层间结构最大正相关）的网络，也不是完全不同（层间结构完全无关）的网络，对它的研究能够帮助我们对节点异质性不同度量的效果有一个更为全面的理解。

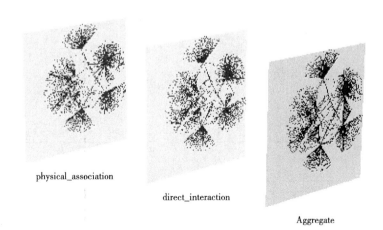

图 4-6　HIV1 多重网络

注：从左到右分别是物理关联层、直接联系层以及这两层的聚合层，我们把物理关联层当作疾病层，把直接联系层当作感知层。

完整的 HIV1 多重网络包含五层、1 005 个节点以及 1 355 条边，在我们的分析中我们仅仅使用了两层。为了适用于我们的异质 LACS 模型，需要保证两层间的点对点的相互作用，也就是说两层间的节点应该是相同的，为此，我们对原始的 HIV1 多重网络做了一些改变：比较这两层并且找到那些只在某一层存在的节点，把这个节点和它的连接关系也复制到另外一层。经过这个处理过程，疾病层包含 939 条边，感知层包含 1 043 条边。由于感知层比疾病层包含更多的连接，以此模拟信息的传播是较为合适的。

在感知层与疾病层异质性度量方式的四种不同组合（图 4-7 从左上到右下分别为度度量与度度量、度度量与 K-core 度量、K-core 度量与度度量、K-core 度量与 K-core 度量）下，我们在上述处理之后的真实 HIV1 多重网络上模拟了异质 LACS 耦合传播过程，结果如图 4-7 所示。我们发现该现实网络上的模拟结果与前文合成网络上的模拟结果一致：当两层都是 K-core 度量时（图 4-7 右下子图），传播过程对不同异质性模型是鲁棒的。同时，当疾病层是 K-core 度量时（图 4-7 右上子图和右下子图），稳态下节点的最终感染比例是相对更大的。此结果说明，本章提出的异质 LACS 耦合传播过程在合成网络和真实网络中的表现具有相同的特点。

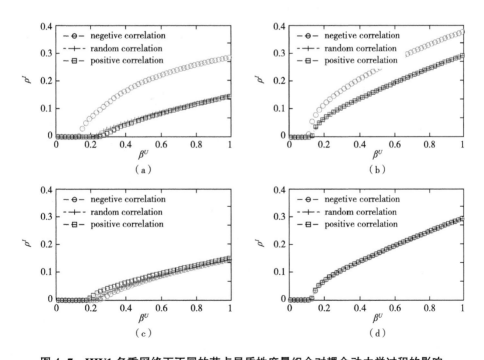

图 4-7　HIV1 多重网络下不同的节点异质性度量组合对耦合动力学过程的影响

注：在每幅图中，点圈线、交叉点线和方块点线分别代表异质性度量的负相关模型、随机模型和正相关模型。纵坐标 P^I 为感染节点的比例。（彩色图见文献 [144]）

4.6 总结和讨论

本章主要研究了在考虑多重网络上感知级联情况下节点异质性对疾病传播的影响。使用度度量和 K–core 度量作为节点异质性的衡量指标，将节点分成了不同的群体（如度都是 k 的节点），在疾病层根据 $\beta^A = \gamma \beta^U$ 并认为削弱强度参数 γ 与节点异质性线性正相关，在感知层建立局部感知阈值参数 α 与节点异质性的线性正相关、线性负相关及随机相关三种模型，为同一异质性群体的成员分配同样的感染性或者局部感知比例，从而实现将节点异质性引入多重网络上感知级联疾病传播过程的目的，即为本章提出的多重网络上的异质 LACS 模型，以此研究节点异质性对信息–疾病耦合动力学过程的影响。与第 3 章 LACS 模型的理论推导类似，对于新提出的异质 LACS 模型我们同样利用 MMCA 方法进行近似推导，得到疾病暴发阈值的理论结果，通过在各类人工合成网络以及 HIV1 实际多重网络上的仿真模拟来分析异质 LACS 模型的内在规律，从而得到节点异质性对信息–疾病耦合动力学过程的影响。

仿真模拟的结果显示：当疾病层是度度量时，感知层的不同异质性模型的使用对疾病传播过程造成了显著的不同影响；而当疾病层是 K–core 度量时，传播过程对不同模型是鲁棒的，并且最终感染比例也比使用度度量时大。具体而言，当疾病层和感知层都采用度度量时，疾病在线性负相关模型下比其他模型暴发更快；相反地，当疾病层采用度度量并且感知层采用 K–core 度量时，疾病在正相关模型下暴发得会更快。并且这些结果在结构相同的两层多重网络以及结构不同的两层多重网络上都得到了验证，表明了在耦合动力学过程的研究中考虑节点异质性的必要性。另外，通过使用 MMCA 方法，疾病暴发阈值的计算能够被转换为特征值的求解问题，通过将理论计算出来的预测结果与蒙特卡洛模拟出的真实结果进行对比发现，当疾病层采用 K–core 度量时，感知层的三种异质性模型下疾病暴发阈值的理论结果与真实结果都较好地吻合，此时这个方法在预测暴发阈值的趋势方面展示了较好的性能。

　　由于疾病层上 K-core 度量的鲁棒性，我们得到的多重网络上的结果也能帮助我们更好地理解 K-core 节点的作用。我们对稳态下最终感染比例和最终感知比例的模拟结果显示，当两层都采用 K-core 度量时，感知阈值的异质性对疾病传播过程基本没有影响；此外，根据对平均感染概率 $P^I(k)$ 及平均感知概率 $P^A(k)$ 的实验结果我们发现，当使用 K-core 度量时，疾病层上有较高 K-core 指数的节点有更大的概率变为感染节点，而这对感知层上的节点却并不一定成立。这些发现表明，当研究疾病传播时，由于鲁棒性现象的存在，不同疾病控制策略应该被用来处理不同的网络结构。

5 节点异质性对社交网络中信息动态竞争传播过程的影响

上一章我们探究了节点异质性对多重网络上 LACS 感知级联疾病传播过程的影响。实际上，网络上的传播过程是非常丰富的，既包括上文中我们提到的感知信息的传播、疾病的传播，也包括社交网络中各类舆论信息的传播。随着互联网的发展，在线社交网络已经充斥在人们生活的各个方面，成为人类信息交流与传递的主要方式，因此对社交网络尤其是在线社交网络上通过个体交互实现信息传播的研究越来越受到重视。我们知道，人类的情感是非常强烈的，这也导致社交网络除了具有复杂网络的常规特性之外，还具有自己的一些特性，例如非共识性的意见普遍存在于人类的交互活动中，由此引发人们对社交网络中信息动态竞争传播过程的研究。本章将研究由带有反对意见的信息诱导出的信息动态竞争过程，我们建立了一个新的信息竞争模型，该模型能非常好地体现网络中消息交互的真实情况。研究结果显示，对网络中节点进行 K-core 分解后发现，节点的 K-shell 值在信息竞争过程中起到了重要作用。特别地，通过变换模型中的参数，可以成功解释不同的信息竞争现象。我们的发现表明，本章中介绍的新的信息竞争模型非常适用于对网络信息传播的研究。

5.1 引言

复杂网络中的拓扑结构特性已经被广泛研究，例如度分布、聚类系数、最短路径距离和社团结构（模块性）等[4,14,153]。在 BA 无标度模型[154] 首先被 Barabási 和 Albert 提出之后，该模型就被广泛应用到复杂网络上动态过程的研究中。近些年，学者们开发和提出了多种多样的技术和模型来帮助研究复杂网络上发生的动态过程。例如：前文提到的经典的 SIR 和 SIS 模型常被用来描述生物网络上的疾病传播过程；前文提到的级联模型[155] 则常被用来刻画多重网络和部分相互独立网络间在受到攻击时的交互过程；信息传播模型[156] 则被用于揭示社交网络中的相变现象。

信息传播的内在机理已经吸引了众多科学家的注意。社交网络上聚集了大量的相互关系，通过这些关系，个体和个体之间可以相互分享想法，改变意见，交流沟通。Kitsak 等科学家已经研究了社交网络中有影响力的传播者[88]；Holthoefer 等学者也发现了在谣言传播中有影响力的传播者反倒不会出现这样的有趣现象[145]；在信息级联网络中的强关系连边对信息网络级联过程起到重要作用[157]；对于弱关系连边，许可等学者也对其在在线社交网络上消息传输过程中起到的敏感作用进行了研究[158]；另外，复杂网络上传播的可控性也得到了深入探究[159,160]。

最近，随着通信技术的迅猛发展，新闻和观点可以在大量的人群中快速变化和传播。在线社交网络提供了一个很大的开放性平台，使得每个人都可以在平台上展现自己的个性和特点。人们对于某种新事物的观点多数是独特的，会有自己的看法，在这种情况下，一个个体就可能会去劝说另一个持不同观点的个体或者与其争论，让其接受自己的观点与意见，同时，一个个体也可能会受到其他持相反意见者的影响，这样就出现了一种信息传播的新模式，社交网络上的信息竞争动态过程成了研究的新热点[161,162]。在本章中，我们将研究重点置于上面描述的新的信息传播模式，提出了一个新的信息竞争动态模型，这个模型很好地反映了现实在线社交网络上发生的现象，可以被用来揭示在这些信息传播过程中的主要机制和特性。我们通过这个新模型做了大量的数值模拟。实验结果显示，在我们的模型中，节点的 K-shell 值[163] 和模型参数都对信息扩散过程起到了至关重要的作用。

本章的结构安排如下：在 5.2 节，我们介绍本章使用的数据集并展示相应数据集上的 K-shell 值分布；在 5.3 节，我们研究复杂网络上的信息竞争过程，继而提出新的信息竞争动态模型；5.4 节展示新模型的数值试验结果并进行讨论分析；5.5 节得出结论并进行总结。

5.2   网络数据集介绍

这里我们将有 N 个节点、E 条连边的无向连通网络作为研究对象。我们选取两个拥有不同结构的网络：一个是人工合成网络，其度分布是幂指数为 2.5 的无标度分布（BA 图），$p(k) \sim k^{-\gamma}$，$\gamma = 2.5$ ；另一个是真实网络，该网络为基于 Gnutella 点对点（P2P）文件的快照[164]，其上的节点代表 Gnutella 网络拓扑结构中的主机，连边代表 Gnutella 网络主机间的相互连接。关于两个网络的具体结构信息参见表 5–1。

表 5–1   本章所使用的网络数据集信息

网络类型	节点数量 N	连边数量 E
BA	5 000	115 496
P2P	6 301	20 777

K-shell 值的相关内容见本书第 2 章。图 5–1 和图 5–2 分别是上述 BA 和点对点（P2P）网络中的 K-shell 值分布。

5.3   信息动态竞争传播模型

为了使问题简化，对于社交网络上的信息竞争模型，我们只考虑对最简单的情况进行研究：过程中只有两种相互对立的意见，并且每个个体必须持有且

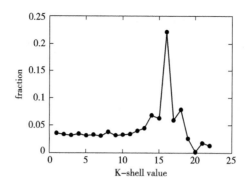

图 5-1　BA 网络中的 K-shell 值分布

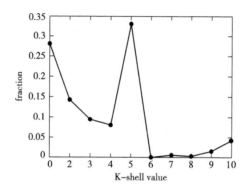

图 5-2　点对点（P2P）网络中的 K-shell 值分布

只能持有其中的一种意见；网络中的每个个体有三种可能的状态，定义为信息敏感者（S）、信息传播者（I）、信息接收者（R）；我们通过对信号进行 1 或者 -1 的标记来刻画个体相信或者不相信这个信息的倾向，标记 0 表示初始信号。所以，状态集可以被定义为 S^1、S^{-1}、I^1、I^{-1}、R^1、R^{-1}、S^0，则信息竞争过程可以简要描述为以下过程：

①首先，将所有节点的初始状态设为信息敏感者（S），并且设置所有的信号标记均为 0（我们称其为初始节点，以 S^0 代表）。

②随机选择两个节点，设置其状态为信息传播者（I），分别设置其信号标记为 1 和 -1，以 I^1 和 I^{-1} 代表。

③每一次迭代，我们搜索所有状态为 I 的节点，对于每个 I 节点：

如果其状态为 I^1，那么该节点以下规则同其邻居节点进行信息传播：当该状态为 I^1 的节点遇到状态为 S^0 的邻居时，状态为 S^0 的邻居节点将以 α_1 的概率变为 I^1 状态；当该状态为 I^1 的节点遇到状态为 I^1 或者 R^1 的邻居时，该节点自身状态将以概率 β_1 变为 R^1；当该状态为 I^1 的节点遇到状态为 I^{-1} 的邻居时，状态为 I^{-1} 的邻居节点以概率 γ_1 变为 I^1 状态。

如果其状态为 I^{-1}，那么该节点以下规则同其邻居节点进行信息传播：当该状态为 I^{-1} 的节点遇到状态为 S^0 的邻居时，状态为 S^0 的邻居节点将以 α_{-1} 的概率变为 I^{-1} 状态；当该状态为 I^{-1} 的节点遇到状态为 I^{-1} 或者 R^{-1} 的邻居时，该节点自身状态将以概率 β_{-1} 变为 R^{-1}；当该状态为 I^{-1} 的节点遇到状态为 I^1 的邻居时，状态为 I^1 的邻居节点以概率 γ_{-1} 变为 I^{-1} 状态。

④重复步骤③，直到整个网络中没有状态为 I（I^1 或者 I^{-1}）的节点。

⑤统计网络中状态为 R^1 和 R^{-1} 的节点个数，并计算它们所占比率。

此模型由 SIR 疾病传播模型[165] 与社交网络信息传播机制[158] 复合而成，在模型中迭代步骤完成之后，没有状态为 I 的节点，因此我们可以得到以下结论：

$$\phi_S(T) + \Psi_R^1(T) + \Psi_R^{-1}(T) = 1 \tag{5-1}$$

其中，T 为迭代的最终时刻，$\phi_S(T)$ 是状态为 S 的节点密度，$\Psi_R^1(T)$ 与 $\Psi_R^{-1}(T)$ 分别是状态为 R^1 和 R^{-1} 的节点密度。对于参数 β_1、β_{-1}、γ_1、γ_{-1}，由于它们的取值只影响运算的时间成本，因此在本章后面的数值模拟中，我们设定 $\beta_1 = \beta_{-1} = \gamma_1 = \gamma_{-1} = 1$。

5.4 数值模拟结果

首先，我们假设对于给定的观点，当一个个体遇到它的邻居持有此观点时，该个体只能有两种选择，即接受它或接受它的反面观点，所以我们在这种情况下可以将模型简化为只考虑 $\alpha_1 + \alpha_{-1} = 1$ 的情形。例如，一个个体会以概率

α_1 接受来自某个邻居的观点，以概率 $\alpha_{-1} = 1 - \alpha_1$ 拒绝此观点（接受其反向观点）。在图 5-3 和图 5-4 中，我们探索了参数 α_1 与信息竞争过程的关系。X 轴是 α_1 的值，从 0 到 1；Y 轴是最终状态为 R^1 和 R^{-1} 的节点所占比率。计算结果通过随机选取 1 000 对节点作为初始 I 节点，并对每次结果进行平均得到。

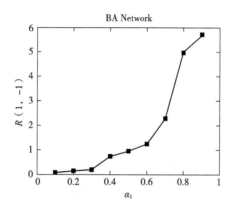

图 5-3　BA 网络中状态为 R 的节点比率和参数α_1 的关系

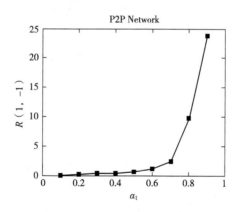

图 5-4　P2P 网络中状态为 R 的节点比率和参数α_1 的关系

其次，我们运用 K-core 分解来对节点进行划分，进而更深入地刻画节点 K-shell 值与信息竞争过程的关系。我们用 Γ_k 表示所有 K-shell 值为 k 的节点所构成的集合，对于两个集合 Γ_{k_s} 和 Γ_{k_t}，我们选取 Γ_{k_s} 中的每个节点 i 和 Γ_{k_t} 中的每个节点 j，以（i, j）节点对作为信息竞争模型中第二步骤的初始节点。针对每个节点对，按照上一节的迭代过程，我们会得到对应该节点对的最终 R 状态节点所占比率。数值模拟过程中，我们重复此过程 100 次，将结果进行平均，得到该节点对的最终 R 状态平均比率 r_{ij}；最后我们对 Γ_{k_s} 和 Γ_{k_t} 所有的 r_{ij} 进行平均，即得到两个 K-shell 点集 Γ_{k_s} 和 Γ_{k_t} 对应的最终 R 状态节点平均比率 $M(k_s, k_t)$：

$$M(k_s, k_t) = \frac{1}{|\Gamma_{k_s}| \times |\Gamma_{k_t}|} \sum_{i \in \Gamma_{k_s}, j \in \Gamma_{k_t}} r_{ij} \tag{5-2}$$

我们还做出了 2D 图，X 轴和 Y 轴都是 K-shell 值，$M(k_s, k_t)$ 的值通过颜色进行描述，图 5-5 和图 5-6 分别对应 BA 网络和 P2P 网络上的模拟结果。结果显示，具有较高 K-shell 值的节点相对于 低 K-shell 值节点在信息竞争过

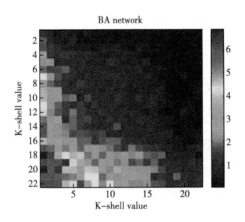

图 5-5　BA 网络中 K-shell 值与信息竞争过程的关系

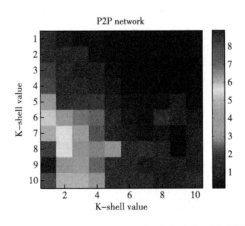

图 5-6　P2P 网络中 K-shell 值与信息竞争过程的关系

程中拥有更强的竞争力。如果我们想要在竞争模式下优化目标信息的传输，我们应该将初始目标信息置于拥有高 K-shell 值的节点上，以此扩大信息的影响区域和影响力；相反，将初始信息远离高 K-shell 节点的位置，可以缩小信息传播范围。

5.5　总结和讨论

在本章中，我们建立了一个全新的信息竞争模型，合理地解释了发生在社交通信网络中的一些信息传播现象。通过十分流行的信息竞争动态过程与 K-shell 分解方法的融合运用，我们的研究结果显示，拥有高 K-shell 值的节点在信息竞争过程中有较强的竞争力。我们认为我们的发现可以为更深入地研究复杂网络上信息竞争过程提供一个实用的方法，从而优化复杂网络上的信息传输。

6 结论与展望

6.1 结论

作为对社会系统等复杂体系的更为现实的抽象描述，多重网络已经在生物学、信息学、数学物理等领域得到了深入研究，并且相关研究成果也在帮助人们不断地修正对网络科学的认知框架，尤其是基于多重网络的耦合动力学行为，其广泛的存在性和强烈的现实意义吸引着大批顶尖科学家的兴趣；而网络节点异质性这一普遍存在的网络特征，经过长期的研究，被发现对网络上的众多动力学过程及网络功能实现均有着不可忽视的影响。本书主要关注节点异质性、多重网络上的信息-疾病耦合动力学过程，以及节点异质性对该耦合动力学过程的影响，从建模分析及模拟验证的角度，综合空间几何、统计力学、计算机网络科学、现代图论、随机分析等前沿学科知识，辅以大量模拟和系统仿真实验，深入研究节点异质性的预测机制、耦合动力学行为的演化机制，并将节点异质性度量引入耦合动力学过程的演化中，形成了一套完整、系统的分析研究思路，以深入探究节点异质性对多重网络上耦合传播行为的影响，揭示网络中更为丰富的演化及行为规律。具体内容如下：

6.1.1 网络节点异质性的度量、预测及应用

本书首先详细且较为全面地介绍了网络研究领域节点异质性的各种度量标

准。节点异质性的度量基本涉及网络结构，而随着现实中数据量及复杂度的不断增加，网络规模巨大且复杂程度不断提升，造成网络具体结构的获取变得越发困难，带来节点异质性空有度量标准没有具体网络结构从而难以计算的问题。本书基于复杂网络的潜在度量空间思想，提出了一种不基于网络结构的节点异质性预测机制，针对节点异质性的较为简单的度量方式——度度量，定义了节点在网络潜在度量空间中的潜在度中心性 hyper-DC，以此预测节点重要性的真实排序以及网络中重要节点的集合，这使得即使不知晓网络具体结构仍然可以对网络进行目的攻击变成了可能。为了考察上述预测机制的效果，我们分别在潜在度量空间中根据 hyper-DC 得到节点排序的预测结果，以及在可视网络结构中根据 DC 得到节点排序的真实结果，并对节点的两种排序结果进行匹配度的研究：为了研究机制对节点严格排序情况的预测效果，我们提出了微观匹配度的概念，为两种排序下前 $\beta\%$ 的节点中排序相同的节点所占的比例；为了研究机制对网络中重要节点集合的预测效果，我们提出了宏观匹配度的概念。我们分别在网络潜在度量空间早期的一维圆环模型和目前广泛使用的双曲空间模型上进行了模拟验证，发现两种模型下两种匹配度关于所研究节点的比例参数 β 的变化规律大体相似：微观匹配度关于 β 的变化规律显示，当 β 非常小时，微观匹配度较高，但是随着 β 的增大，微观匹配度下降极快，并且会降到很小的值，说明我们所提出的预测机制只有在预测网络中最重要的前几个节点的严格排序时才比较有效；宏观匹配度关于 β 的变化情况同样是 β 越小匹配度值越高，一定范围内随着 β 的增大，宏观匹配度非常缓慢地下降，且下降幅度不大，整体看不管 β 取值如何，宏观匹配度基本均可以保持在70%以上，某些参数设置下甚至可始终保持在80%以上，这说明我们提出的预测机制在预测网络中重要节点的集合时是非常有效的。考虑到现实网络对随机攻击普遍具有的鲁棒性，我们提出如果将根据我们的预测机制得到的网络重要节点集合作为对网络随机攻击的备选集合，以对备选集合中的节点进行随机攻击替代对整个网络中的所有节点进行随机攻击，在同样攻击成本的基础上可以极大地增强随机攻击的破坏性，因此我们认为，本书提出的对节点异质性的预测机制对随机攻击具有较大的指导意义。另外，匹配度关于潜在度量空间模型中的参数的变化情况显示：一维圆环模型中，微观匹配度及宏观匹配度关于模型中的聚类参数 α 都有一定的上升趋势，尤其是对较小的 α，只不过宏观匹配度的变化比微观匹配度更光滑；两种匹配度关于模型中的幂指数参数 γ 的变化趋势也类似——γ 在 $\gamma = 2.5$ 处有个明显的相变，$\gamma < 2.5$ 时匹配度随着 γ 的增大而下降，在 $\gamma = 2.5$ 处断崖式提升，然后随着 γ 的增大再次缓慢下降，只不过宏观匹配度的变化比微观匹配度更光滑。双曲空间模型中重点研究了宏观匹配度关于模型参数 T 和 K 的变化情况，宏观匹配度关于模型的温度参数 T 的增大也存在着一个相变点：当 $T < 0.9$ 时，宏观匹配度关于参数 T 缓慢下降；而当 $T > 0.9$ 时，宏观匹配度非常急速地下降。宏观匹配度受模型曲率参数 K 的影响变化不大。

6.1.2 多重网络上信息-疾病耦合传播的局部感知控制传播模型（LACS）

本书首次提出了多重网络上的局部感知控制疾病传播模型，结合信息传播的阈值模型与疾病传播的传染病模型进行研究，发现了耦合传播中疾病阈值和传播规模出现的两阶段现象，并对模型的动力学行为建立了合适的分析框架，对信息传播与疾病传播之间的相互作用进行了更为深入的探讨。具体而言，从多重网络上的信息-疾病耦合传播动力学出发，针对之前研究中将信息传播和疾病传播设置为同样的传播模型的假设，结合在现实情况下感知信息扩散的方式和疾病扩散的方式是非常不同的现象，我们提出了一个定义在多重网络上的局部感知控制疾病传播模型（LACS）来研究疾病与感知扩散的相互影响：在这个模型中，我们提出了一个阈值模型来描述信息传播中人们呈现的羊群效应，在感知状态的转变过程中这个阈值被定义为局部感知比例 α；在疾病层则采用 SIS 传染病模型。通过使用微观马尔科夫链方法进行理论分析，我们能够较为精确地对耦合暴发阈值进行预测，并且详细介绍了 LACS 模型下 MMCA 方法的近似推导过程，得到疾病暴发阈值的预测结果为 $\beta_c^U = \dfrac{\mu}{\Lambda_{max}}$ 。在模拟仿真环节，我们采用蒙特卡洛方法首先对两层均为 SF 结构的多重网络进行了仿真实验，对于 α 的不同取值，将仿真出的实际暴发阈值与上述理论近似推导出的理论预测阈值进行比较，在发现二者始终较为接近的同时，我们还发现以往研究中通常所采用的模型并未发现的突变现象——疾病暴发阈值关于 α 在 0.5 处有一个明显的相变点。为了进一步分析此两阶段现象的成因，本书在一个特殊的两层结构——两层都为 1D 环模型上进行了理论推导，更为清晰地展示了上层的感知级联效应导致了下层疾病暴发的两阶段结果。除此之外，在模拟仿真环节，我们还研究了局部感知比例对感染规模的影响，以及不同网络拓扑结构下该耦合动力学过程的仿真，结果显示，与疾病暴发阈值类似，最终感染比例关于局部感知比例 α 在 0.5 处同样产生了两种不同影响，而不同网络结构下这种两阶段的影响都是存在的。我们所提出的 LACS 信息–疾病耦合模型可以揭示疾病传播的更为丰富的细节，为在疾病、谣言等的传播过程中采取合理、有效的防御措施提供了一定的参考。

6.1.3　节点异质性引入多重网络上的信息–疾病耦合传播——异质LACS 模型

本书首次系统研究了节点异质性在信息与疾病耦合传播动力学过程中的作用。我们在异质性一章介绍过节点异质性是现实网络普遍存在的，用于表征不同个体节点在网络中的地位以及在网络动力学行为及网络功能实现中发挥的不同作用，因此将节点异质性引入多重网络的信息–疾病耦合动力学过程，研究不同节点对疾病传播的影响是十分必要的。基于此，我们提出了一个异质耦合传播模型的研究框架，该框架沿用了局部感知控制疾病传播模型，不同的是将个体的异质性考虑到了相关参数值的设置中：利用削弱强度参数 γ 在疾病层建立感知节点感染性 β^A 与未感知节点感染性 β^U 之间的 $\beta^A = \gamma\beta^U$ ，再建立 γ 与节点异质性之间的关系，描述重要程度不同的节点具有不同的削弱强度，从而实现将节点异质性引入疾病层的目的；建立感知层局部感知阈值参数 α 与节点异质性之间的三种模型——线性正相关模型、线性负相关模型、随机相关模型，实现将节点异质性引入感知层的目的。在节点异质性的描述中，我们采用了度度量和 K-core 度量两种方式，分别基于上述三个不同假设的异质 LACS 模型研究节点异质性对疾病传播的影响。在理论推导方面，同样采用微观马尔科夫链方法进行近似推导得到异质 LACS 模型中的疾病暴发阈值的理论预测，结合在合成网络及现实网络上大量的仿真模拟，我们系统比较了不同的异质性度量之下耦合传播动力学所呈现出的截然不同的现象，结果显示出 K-core 度量对异质性模型的鲁棒性，说明在耦合传播过程中，与度度量相比，K-core 度量是一种衡量节点异质性的更好的方式。另外，根据对平均感染概率及平均感知概率的仿真我们发现，在疾病层，K-core 度量值较大的节点会具有较高的平均感染概率，而在感知层，K-core 度量值较大的节点却不一定具有较高的平均感知概率，这也体现了节点异质性对多重网络上耦合动力学过程的复杂的影响。

6.1.4　节点异质性对社交网络中信息动态竞争传播过程的影响

在上述研究的基础上，我们发现了 K-shell 异质性度量在疾病传播过程中的鲁棒性影响，进一步地，作为一个小的扩展，我们专门针对在线社交网络上的信息传播提出了一个新的信息动态竞争传播模型，并研究了 K-shell 节点异质性度量在该模型中的影响作用，发现具有较高 K-shell 值的节点在此过程中会表现出更强的竞争力。因此，可以通过将初始目标信息置于拥有较高或较低 K-shell 值节点上的举措，来扩大或者缩小信息的影响区域和影响力，达到调控社交网络上流言、舆论等信息传播的目的。

6.2　展望

一方面，复杂网络潜在度量空间思想在现实中的真实应用才刚刚起步，目前主要应用在脑科学领域等一些较为复杂的研究中，还没有达到在各个领域广泛应用的程度。但是已经有一些研究者受此启发，在研究内嵌数理规律的跨尺度数据科学感知理论与表征方法，他们针对复杂大数据中的多层次多尺度复杂关联作用，探索大数据蕴含的非线性逻辑和数理机制，围绕内嵌数理规律的跨尺度数据科学感知理论与方法开展研究，实现复杂大数据向科学大数据转变的科学范式。不只是对复杂的网络数据，对各类复杂数据的内嵌非线性数理机制的研究有助于从更深层次了解数据的内在关联及演化规律，对未来人工智能等相关领域的发展会有不可忽视的作用。就复杂网络领域而言，目前机器学习方法的引入使得挖掘出现实网络节点在潜在度量空间中的潜在性质变成了可能，一系列算法被开发出来，这必定会推动复杂网络研究领域新的研究方式的涌现。

另一方面，事实上目前基于多重网络的耦合传播动力学的相关研究还在如火如荼地开展着，世界上多个顶级团队也在不断聚焦新方向和新问题，其所面临的挑战主要有以下三个：一是如何建立更为精确的传播模型来描述真实世界不同客观实体的传播过程。由于影响传播的外界因素有很多，如何在不同的传播动力学过程中提取关键变量进而研究其对传播的影响就显得尤为重要。二是如何更为科学地建立不同传播模型间的耦合关系来研究它们之间的相互作用。也就是说，在多重网络的基本框架下，各类异质平台的不断涌现促使我们需要提出新的层间耦合关系或者范式来描述复杂多变的模型间的连接关系。三是基于传播过程的外延开拓还在探索中。网络上的动力学过程实质上很多都是传播或者扩散模型的拓展，如何将纯传播动力学模型的分析框架引用到更为广泛的耦合动力学模型上是一个非常值得深入探讨的问题，因为现实世界中传播过程已经不是一个单独的存在，它与其他多种动力学过程的融合产生了异常丰富的现象，对这些过程进行合理的建模和分析将会对我们深入理解复杂系统提供新的视角。

参考文献

[1] NEWMAN M E. The structure and function of complex networks [J]. SIAM review, 2003, 45 (2): 167-256.

[2] BOLLOBAS B. Modern graph theory [M]. Springer science & business media, 2013.

[3] SCOTT J. Social network analysis [M]. Sage, 2012.

[4] BOCCALETTI S, LATORA V, MORENO Y, et al. Complex networks: structure and dynamics [J]. Physics reports, 2006, 424 (4): 175-308.

[5] WATTS D J, STROGATZ S H. Collective dynamics of 'small - world' networks [J]. Nature, 1998, 393 (6684): 440-442.

[6] BARABASI A L, ALBERT R. Emergence of scaling in random networks [J]. Science, 1999, 286 (5439): 509-512.

[7] CALLAWAY D S, NEWMAN M E, STROGATZ S H, et al. Network robustness and fragility: Percolation on random graphs [J]. Physical review letters, 2000, 85 (25): 5468.

[8] PASTOR-SATORRAS R, VESPIGNANI A. Epidemic spreading in scale-free networks [J]. Physical review letters, 2001, 86 (14): 3200.

[9] MORENO Y, PACHECO A F. Synchronization of kuramoto oscillators in scale - free networks [J]. Europhysics letters, 2004, 68 (4): 603.

[10] ANDERSON R M, MAY R M. Infectious diseases of humans [M]. Oxford: Oxford University Press, 1991.

[11] KUMAR R, NOVAK J, RAGHAVAN P, et al. Structure and evolution of blogspace [J]. Communications of the ACM, 2004, 47 (12): 35-39.

［12］LESKOVEC J, ADAMIC L A, HUBERMAN B A. The dynamics of viral marketing ［J］. ACM transactions on the web（TWEB）, 2007, 1（1）: 5.

［13］DIANI M, MCADAM D. Social movements and networks: relational approaches to collective action: relational approaches to collective action ［M］. Oxford: Oxford university press, 2003.

［14］STROGATZ S H. Exploring complex networks ［J］. Nature, 2001, 410 （6825）: 268-276.

［15］SONG C, HAVLIN S, MAKSE H A. Self - similarity of complex networks ［J］. Nature, 2005, 433 （7024）: 392-395.

［16］GIRVAN M, NEWMAN M E. Community structure in social and biological networks ［C］. Proceedings of the National Academy of Sciences, 2002, 99 （12）: 7821-7826.

［17］MUCHA P J, RICHARDSON T, MACON K, et al. Community structure in time - dependent, multiscale, and multiplex networks ［J］. Science, 2010, 328 （5980）: 876-878.

［18］SZELL M, LAMBIOTTE R, THURNER S. Multirelational organization of large-scale social networks in an online world ［C］. Proceedings of the National Academy of Sciences, 2010, 107 （31）: 13636-13641.

［19］GOMEZ S, DIAZ-GUILERA A, GOMEZ-GARDENES J, et al. Diffusion dynamics on multiplex networks ［J］. Physical review letters, 2013, 110 （2）: 028701.

［20］BOCCALETTI S, BIANCONI G, CRIADO R, et al. The structure and dynamics of multilayer networks ［J］. Physics reports, 2014, 544 （1）: 1-122.

［21］SANZ J, XIA C Y, MELONI S, et al. Dynamics of interacting diseases ［J］. Physical review X, 2014, 4 （4）: 041005.

［22］CARDILLO A, GOMEZ-GARDENES J, ZANIN M, et al. Emergence of network features from multiplexity ［J］. Scientific reports, 2013, 3 （1）: 1344.

［23］LI W, TANG S, FANG W, et al. How multiple social networks affect user awareness: the information diffusion process in multiplex networks ［J］. Physical review E, 2015, 92 （4）: 042810.

［24］LEI Y, JIANG X, GUO Q, et al. Contagion processes on the static and activity-driven coupling networks ［J］. Physical review E, 2016, 93 （3）: 032308.

［25］GUO Q, LEI Y, JIANG X, et al. Epidemic spreading with activity-driven awareness diffusion on multiplex network ［J］. Chaos: an interdisciplinary journal of nonlinear science, 2016, 26 (4): 043110.

［26］GUO Q, COZZO E, ZHENG Z, et al. Lévy random walks on multiplex networks ［J］. Scientific reports, 2016, 6: 37641.

［27］KIVELÄ M, ARENAS A, BARTHELEMY M, et al. Multilayer networks ［J］. Journal of complex networks, 2014, 2 (3): 203-271.

［28］BARABÁSI A L, ALBERT R. Emergence of scaling in random networks ［J］. Science, 1999, 286: 509-512.

［29］FREEMAN L C. Centrality in social networks: conceptual clarification ［J］. Social networks, 1979, 1: 215-239.

［30］CANRIGHT G, ENGO-MONSEN K. Roles in networks ［J］. Science of computer programming, 2004, 53: 195-214.

［31］EVERETT M, BORGATTI S P. Ego network betweenness ［J］. Social networks, 2005, 27: 31-38.

［32］ESTRADA E, RODRÍGUEZ-VELÁZQUEZ J A. Subgraphcentrality in complex networks ［J］. Physical review E, 2005, 71: 056103.

［33］FREEMAN L C, BORGATTI S P, White D R. Centrality in valued graphs: a measure of betweenness based on network flow ［J］. Social networks, 1991, 13: 141-154.

［34］BONACICH P F. Power and centrality: a family of measures ［J］. American journal of sociology, 1987, 92: 1170-1182.

［35］NOH J D, RIEGER H. Stability of shortest paths in complex networks with random edge weights ［J］. Physical review E, 2022, 66: 066127.

［36］STEPHENSON K A, ZELEN M. Rethinking centrality ［J］. Social networks, 1989, 11: 1-37.

［37］MORONE F, MAKSE H A. Influence maximization in complex networks through optimal percolation ［J］. Nature, 2015, 524: 65-68.

［38］ZHANG R, PEI S. Dynamic range maximization in excitable networks ［J］. Chaos, 2018, 28: 013103.

［39］ PEI S, MAKSE H A. Spreading dynamics in complex networks ［J］. Journal of statistical mechanics: theory and experiment, 2013, 12: P12002.

［40］ PEI S, MUCHNIK L, ANDRADE JR J S, et al. Searching for super spreaders of information in real-world social media ［J］. Scientific reports, 2014, 4: 5547.

［41］ JIANG X, ABRAMS D M. Symmetry-broken states on networks of coupled oscillators ［J］. Physical review E, 2016, 93: 052202.

［42］ KOTWAL T, JIANG X, ABRAMS D M. Connecting the Kuramoto model and the chimera state ［J］. Physical review letters, 2017, 119: 264101.

［43］ KATZ E, LAZARSFELD P F. Personal influence: the part played by people in the flow of mass communications ［M］. New York: The Free Press, 1955.

［44］ AGGARWAL C C. Social network data analytics ［M］. New York: Springer, 2012.

［45］ ARAL S, WALKER D. Identifying influential and susceptible members of social networks ［J］. Science, 2012, 337: 337-341.

［46］ LIU L, TANG J, HAN J, et al. Learning influence from heterogeneous social networks ［J］. Data mining and knowledge discovery, 2012, 25 (3): 511-544.

［47］ TANG J, SUN J, WANG C, et al. Social influence analysis in large-scale networks ［C］. Proceedings of the 15th ACM SIGKDD International Conference on Knowledge Discovery and Data Mining, KDD' 09, 2009: 807-816.

［48］ KLEINBERG J M. Authoritative sources in a hyperlinked environment ［J］. Journal of the ACM (JACM), 1999, 46 (5): 604-632.

［49］ ROMERO D M, GALUBA W, ASUR S, et al. Influence and passivity in social media ［C］. Proceedings of the 20th International Conference on World Wide Web, 2011: 113-114.

［50］ PAGE L, BRIN S, MOTWANI R, et al. The PageRank citation ranking: Bringing order to the web ［R］. Technical Report, Stanford InfoLab, 1999. Available: http: //ilpubs. stanford. edu: 8090/422/.

［51］ TUNKELANG D A twitter analog to PageRank, 2009 ［EB/OL］. ［2023 - 09 - 23］. http: //thenoisychannel. com/2009/01/13/a-twitter-analog-to-pagerank/.

［52］ AGARWAL N, LIU H, TANG L, et al. Identifying the influential bloggers in a community ［C］. Proceedings of the International Conference on Web Search and Web Data

Mining, 2008: 207−218.

［53］HUI P, GREGORY M. Quantifying sentiment and influence inblogspaces ［C］. Proceedings of the 1st Workshop on Social Media Analytics, 2010: 53−61.

［54］YOOK S H, JEONG H, BARABÁSI A L. Modeling the Internet's large−scale topology ［C］. Proceedings of the National Academy of Sciences, USA 99, 2002: 13382−13386.

［55］ALBERT R, JEONG H, BARABÁSI A L. Error and attack tolerance of complex networks ［J］. Nature, 2000, 406: 378−382.

［56］TANG J, LOU T, KLEINBERG J. Inferring social ties across heterogenous networks ［C］. Proceedings of the 5th ACM Conference on Web Search and Data Mining, 2012: 743−752.

［57］RADICCHI F, ARENAS A. Abrupt transition in the structural formation of interconnected networks ［J］. Nature physics, 2013, 9 (11): 717−720.

［58］BAILEY N T. The mathematical theory of infectious diseases and its applications ［M］. Charles Griffin & Company Ltd, 5a Crendon Street, High Wycombe, Bucks HP13 6LE. , 1975.

［59］GRABOWSKI A, KOSINSKI R A. Epidemic spreading in a hierarchical social network ［J］. Physical review E, 2004, 70 (3): 031908.

［60］MIN B, GOH K I. Layer−crossing overhead and information spreading in multiplex social networks ［J］. Seed, 2014, 2014: Q17−008.

［61］SHAI S, DOBSON S. Effect of resource constraints onintersimilar coupled networks ［J］. Physical review E, 2012, 86 (6): 066120.

［62］COZZO E, BANOS R A, MELONI S, et al. Contact−based social contagion in multiplex networks ［J］. Physical review E, 2013, 88 (5): 050801.

［63］FUNK S, SALATHE M, JANSEN V A. Modelling the influence of human behaviour on the spread of infectious diseases: a review ［J］. Journal of the royal society interface, 2010, 7 (50): 1247−1256.

［64］GRANELL C, GOMEZ S, ARENAS A. Dynamical interplay between awareness and epidemic spreading in multiplex networks ［J］. Physical review letters, 2013, 111 (12): 128701.

［65］PEI S, MAKSE H A. Spreading dynamics in complex networks ［J］. Journal of statistical mechanics: theory and experiment, 2013, 2013 (12): P12002.

［66］GUO Q, JIANG X, LEI Y, et al. Two-stage effects of awareness cascade on epidemic spreading in multiplex networks ［J］. Physical review E, 2015, 91 (1): 012822.

［67］QUERCIA D, CAPRA L, CROWCROFT J. The social world of twitter: topics, geography, and emotions ［C］. Proceedings of the international AAAI Conference on Web and Social Media, 2012, 6 (1): 298-305.

［68］HAVELIWALA T, KAMVAR S, JEH G. An analytical comparison of approaches to personalizing pagerank ［R］. Technical Report, Stanford University, 2003.

［69］AGARWAL N, LIU H, TANG L, et al. Identifying the influential bloggers in a community ［C］. Proceedings of the 2008 International Conference on Web Search and Data Mining, 2008: 207-218.

［70］CAIV Y, CHEN Y. Mining influential bloggers: from general to domain specific ［C］. Proceedings of the International Conference on Knowledge - Based and Intelligent Information and Engineering Systems, 2009: 447-454.

［71］HUI P, GREGORY M. Quantifying sentiment and influence inblogspaces ［C］. Proceedings of the First Workshop on Social Media Analytics, 2010: 53-61.

［72］ZHAOYUN D, YAN J, BIN Z, et al. Mining topical influencers based on the multi-relational network in micro-blogging sites ［J］. China communications, 2013, 10 (1): 93-104.

［73］DING Z Y, JIA Y, ZHOU B, et al. Survey of influence analysis for social networks ［J］. Computer science, 2014, 41 (1): 48-53.

［74］BOGUÑÀ M, KRIOUKOV D, CLAFFY K C. Navigability of complex networks ［J］. Nature physics, 2008, 5 (1): 74-80.

［75］KRIOUKOV D, PAPADOPOULOS F, VAHDAT A, et al. Curvature and temperature of complex networks ［J］. Physical review E, 2009, 80 (3): 03510.

［76］SERRANO M A, KRIOUKOV D, BOGUÑÀ M. Self - similarity of complex networks and hidden metric spaces ［J］. Physical review letters, 2008, 100 (7): 078701.

［77］SEGUIN C, SPORNS O, ZALESKY A. Brain network communication: concepts, models and applications ［J］. Nature reviews neuroscience, 2023: 1-18.

［78］CANNISTRACI C V, MUSCOLONI A. Geometrical congruence, greedy navigability and myopic transfer in complex networks and brain connectomes ［J］. Nature communications, 2022, 13

（1）: 7308.

[79] PRESIGNY C, FALLANI F D V. Colloquium: multiscale modeling of brain network organization [J]. Reviews of modern physics, 2022, 94 (3): 031002.

[80] BAC J, ZINOVYEV A. Lizard brain: tackling locally low–dimensional yet globally complex organization of multi–dimensional datasets [J]. Frontiers in neurorobotics, 2020, 13: 110.

[81] PAPADOPOULOS F, KITSAK M, SERRANO M A, et al. Popularity versus similarity in growing networks [J]. Nature, 2012, 489 (7417): 537-540.

[82] MUSCOLONI A, THOMAS J M, CIUCCI S, et al. Machine learning meets complex networks via coalescent embedding in the hyperbolic space [J]. Nature communications, 2017, 8 (1): 1615.

[83] QIAO S J, TANG C J, PENG J, et al. Mining key members of crime networks based on personality trait simulation email analysis system [J]. Chinese journal of computers, 2008, 31 (10): 1795-1803.

[84] CIALDINI R B. Influence: science and practice [M]. Boston, MA: Pearson education, 2009.

[85] CHA M, HADDADI H, BENEVENUTO F, et al. Measuring user influence in twitter: the million follower fallacy [C]. Proceedings of the International AAAI Conference on Web and Social Media, 2010, 4 (1): 10-17.

[86] PAL A, COUNTS S. Identifying topical authorities in microblogs [C]. Proceedings of the 4th ACM international Conference on Web Search and Data Mining, 2011: 45-54.

[87] CHRISTAKIS N A, FOWLER J H. Connected: The surprising power of our social networks and how they shape our lives [M]. Little, Brown Spark, 2009.

[88] KITSAK M, GALLOS L K, HAVLIN S, et al. Identification of influential spreaders in complex networks [J]. Nature physics, 2010, 6 (11): 888-893.

[89] ZHAO Z Y, YU H, ZHU Z L, et al. Identifying influential spreaders based on network community structure [J]. Chinese journal of computers, 2014, 37 (4): 753-766.

[90] KLEINBERG J M. Authoritative sources in a hyperlinked environment [J]. Journal of the ACM (JACM), 1999, 46 (5): 604-632.

［91］ BRIN S. The PageRank citation ranking：bringing order to the web ［C］. Proceedings of ASIS, 1998, 98：161-172.

［92］ TUNKELANG D. A twitter analog to pagerank ［J］. The noisy channel, 2009, 2009：44.

［93］ HAVELIWALA T, KAMVAR S, JEH G. An analytical comparison of approaches to personalizing pagerank ［R］. Technical Report, Stanford University, 2003.

［94］ DODGE J, ANDERSON A A, OLSON M, et al. How do people rank multiple mutant agents? ［C］. the 27th International Conference on Intelligent User Interfaces, 2022：191-211.

［95］ YANG J, LESKOVEC J. Modeling information diffusion in implicit networks ［J］. IEEE computer society, 2010, 2010：599-608.

［96］ KATZ E, LAZARSFELD P F. Personal influence：the part played by people in the flow of mass communications ［M］. New York：The Free Press, 1955.

［97］ TANG J, LOU T, KLEINBERG J. Inferring social ties across heterogenous networks ［C］. Proceedings of the 5th ACM Conference on Web Search and Data Mining, 2012：743-752.

［98］ MA L L, JIANG X, WU K Y, ZHANG Z L, et al. Surveying network community structure in the hidden metric space ［J］. Physica A：statistical mechanics and its applications, 2012, 391 (1-2)：371-378.

［99］ MA L L. Purposeful random attacks on networks — forecasting node ranking not based on network structure ［J］. Acta physica polonica B, 2019, 50 (5)：943-960.

［100］ MA L L. Studying node centrality based on the hidden hyperbolic metric space of complex networks ［J］. Physica A：statistical mechanics and its applications, 2019, 514：426-434.

［101］ BOGUÑÀ M, PAPADOPOULOS F, KRIOUKOV D. Sustaining the internet with hyperbolic mapping ［J］. Nature communications, 2010, 1：62.

［102］ NEWMAN M E. Spread of epidemic disease on networks ［J］. Physical review E, 2002, 66 (1)：016128.

［103］ PASTOR-SATORRAS R, VESPIGNANI A. Epidemic dynamics and endemic states in complex networks ［J］. Physical review E, 2001, 63 (6)：066117.

［104］ MAY R M, LLOYD A L. Infection dynamics on scale-free networks ［J］. Physical review E, 2001, 64 (6): 066112.

[105] MORENO Y, PASTOR-SATORRAS R, VESPIGNANI A. Epidemic outbreaks in complex heterogeneous networks [J]. The European physical journal B-Condensed matter and complex systems, 2002, 26 (4): 521-529.

[106] DEZSO Z, BARABÁSI A L. Halting viruses in scale-free networks [J]. Physical review E, 2002, 65 (5): 055103.

[107] BOGUÑÀ M, PASTOR-SATORRAS R. Epidemic spreading in correlated complex networks [J]. Physical review E, 2002, 66 (4): 047104.

[108] GROSS T, D'LIMA C J, BLASIUS B. Epidemic dynamics on an adaptive network [J]. Physical review letters, 2006, 96 (20): 208701.

[109] BALCAN D, VESPIGNANI A. Phase transitions in contagion processes mediated by recurrent mobility patterns [J]. Nature physics, 2011, 7 (7): 581-586.

[110] MELONI S, PERRA N, ARENAS A, et al. Modeling human mobility responses to the largescale spreading of infectious diseases [J]. Scientific reports, 2011, 1: 62.

[111] KEELING M J, EAMES K T. Networks and epidemic models [J]. Journal of the royal society interface, 2005, 2 (4): 295-307.

[112] SALATHE M, KAZANDJIEVA M, LEE J W, et al. A high-resolution human contact network for infectious disease transmission [C]. Proceedings of the National Academy of Sciences, 2010, 107 (51): 22020-22025.

[113] HARTVIGSEN G, DRESCH J M, ZIELINSKI A L, et al. Network structure, and vaccination strategy and effort interact to affect the dynamics of influenza epidemics [J]. Journal of theoretical biology, 2007, 246 (2): 205-213.

[114] PERRA N, BALCAN D, GONCALVES B, et al. Towards a characterization of behavior-disease models [J]. PloS one, 2011, 6 (8): e23084.

[115] PERRA N, GONCALVES B, PASTORSATORRAS R, et al. Activity driven modeling of time varying networks [J]. Scientific reports, 2012, 2 (469): 1-7.

[116] WANG Z, ZHANG H, WANG Z. Multiple effects of self-protection on the spreading of epidemics [J]. Chaos, Solitons & Fractals, 2014, 61: 1-7.

[117] GRANELL C, GOMEZ S, ARENAS A. Competing spreading processes on multiplex

networks: awareness and epidemics [J]. Physical review E, 2014, 90 (1): 012808.

[118] FUNK S, GILAD E, WATKINS C, et al. The spread of awareness and its impact on epidemic outbreaks [C] . Proceedings of the National Academy of Sciences, 2009, 106 (16): 6872-6877.

[119] WU Q, FU X, SMALL M, et al. The impact of awareness on epidemic spreading in networks [J]. Chaos: an interdisciplinary journal of nonlinear science, 2012, 22 (1): 013101.

[120] COZZO E, ARENAS A, MORENO Y. Stability of boolean multilevel networks [J]. Physical review E, 2012, 86 (3): 036115.

[121] WANG Z, WANG L, PERC M. Degree mixing in multilayer networks impedes the evolution of cooperation [J]. Physical review E, 2014, 89 (5): 052813.

[122] WATTS D J. A simple model of global cascades on random networks [C]. Proceedings of the National Academy of Sciences, 2002, 99 (9): 5766-5771.

[123] MELNIK S, WARD J A, GLEESON J P, et al. Multi－stage complex contagions [J]. Chaos: An interdisciplinary journal of nonlinear science, 2013, 23 (1): 013124.

[124] BORGE－HOLTHOEFER J, BANOS R A, et al. Cascading behaviour in complex socio-technical networks [J]. Journal of complex networks, 2013, 1 (1): 3-24.

[125] CHAKRABARTI D, WANG Y, WANG C, et al. Epidemic thresholds in real networks [J] . ACM transactions on information and system security (TISSEC), 2008, 10 (4): 1.

[126] ARENAS A, BORGE-HOLTHOEFER J, MELONI S, et al. Discrete－time Markov chain approach to contact－based disease spreading in complex networks [J] . Europhysics letters, 2010, 89 (3): 38009.

[127] ZANETTE D H. Dynamics of rumor propagation on small－world networks [J]. Physical review E, 2002, 65 (4): 041908.

[128] NOH J D, RIEGER H. Random walks on complex networks [J] . Physical review letters, 2004, 92 (11): 118701.

[129] MORENO Y, NEKOVEE M, PACHECO A F. Dynamics of rumor spreading in complex networks [J]. Physical review E, 2004, 69 (6): 066130.

[130] KAMINSKI J. Diffusion of innovation theory [J] . Canadian journal of nursing

informatics, 2011, 6 (2): 1-6.

[131] ZHANG H F, XIE J R, TANG M, et al. Suppression of epidemic spreading in complex networks by local information based behavioral responses [J]. Chaos: an interdisciplinary journal of nonlinear science, 2014, 24 (4): 043106.

[132] KAN J Q, ZHANG H F. Effects of awareness diffusion and self–initiated awareness behavior on epidemic spreading–an approach based on multiplex networks [J]. Communications in nonlinear science and numerical simulation, 2017, 44: 193-203.

[133] LIU C, XIE J R, CHEN H S, et al. Interplay between the local information based behavioral responses and the epidemic spreading in complex networks [J]. Chaos: an interdisciplinary journal of nonlinear science, 2015, 25 (10): 103111.

[134] MILLER J C. Epidemic size and probability in populations with heterogeneous infectivity and susceptibility [J]. Physical review E, 2007, 76 (1): 010101.

[135] ALSTOTT J, PANZARASA P, RUBINOV M, et al. A unifying framework for measuring weighted rich clubs [J]. Scientific reports, 2014, 4 (1): 7258.

[136] ALBERT R, JEONG H, BARABÁSI A L. Error and attack tolerance of complex networks [J]. Nature, 2000, 406 (6794): 378-382.

[137] ESTRADA E. Quantifying network heterogeneity [J]. Physical review E, 2010, 82 (6): 066102.

[138] BARRAT A, BARTHELEMY M, PASTOR–SATORRAS R, et al. The architecture of complex weighted networks [C]. Proceedings of the National Academy of Sciences of the United States of America, 2004, 101 (11): 3747-3752.

[139] MOTTER A E, ZHOU C, KURTHS J. Network synchronization, diffusion, and the paradox of heterogeneity [J]. Physical review E, 2005, 71 (1): 016116.

[140] RAHMANDAD H, STERMAN J. Heterogeneity and network structure in the dynamics of diffusion: Comparing agent – based and differential equation models [J]. Management science, 2008, 54 (5): 998-1014.

[141] GOH K I, CUSICK M E, VALLE D, et al. The human disease network [C]. Proceedings of the National Academy of Sciences, 2007, 104 (21): 8685-8690.

[142] DE ARRUDA G F, BARABÁSI A L, RODRIGUEZ P M, et al. Role of centrality for

the identification of influential spreaders in complex networks [J]. Physical review E, 2014, 90 (3): 032812.

[143] PEI S, MUCHNIKL, ANDRADE J R J S, et al. Searching for superspreaders of information in real-world social media [J]. Scientific reports, 2014, 4 (1): 5547.

[144] GUO Q, LEI Y, XIA C, et al. The role of node heterogeneity in the coupled spreading of epidemics and awareness [J]. PloS one, 2016, 11 (8): e0161037.

[145] BORGE-HOLTHOEFER J, MORENO Y. Absence of influential spreaders in rumor dynamics [J]. Physical review E, 2012, 85 (2): 026116.

[146] STARK C, BREITKREUTZ B J, REGULY T, et al. BioGRID: a general repository for interaction datasets [J]. Nucleic acids research, 2006, 34 (suppl 1): D535-D539.

[147] DE DOMENICO M, PORTER M A, ARENAS A. MuxViz: a tool for multilayer analysis and visualization of networks [J]. Journal of complex networks, 2014, 2014: cnu038.

[148] WANG W, TANG M, YANG H, et al. Asymmetrically interacting spreading dynamics on complex layered networks [J]. Scientific reports, 2014, 2014: 4.

[149] LEE K M, KIM J Y, CHO W, et al. Correlated multiplexity and connectivity of multiplex random networks [J]. New journal of physics, 2012, 14 (3): 033027.

[150] PARSHANI R, ROZENBLAT C, IETRI D, et al. Inter-similarity between coupled networks [J]. Europhysics letters, 2011, 92 (6): 68002.

[151] NICOSIA V, BIANCONI G, LATORA V, et al. Growing multiplex networks [J]. Physical review letters, 2013, 111 (5): 058701.

[152] CATANZARO M, BOGUÑÀ M. , PASTOR - SATORRAS R. Generation of uncorrelated random scale-free networks [J]. Physical review E, 2005, 71 (2): 027103.

[153] WANG X F, CHEN G. Complex networks: small - world, scale - free and beyond [J]. IEEE circuits and systems magazine, 2003, 3 (1): 6-20.

[154] KLEINBERG J M. Navigation in a small world [J] . Nature, 2000, 406 (6798): 845.

[155] DONG G G, GAO J X, TIAN L X, et al. Percolation of partially interdependent networks under targeted attack [J]. Physical review E, 2012, 85 (1): 016112.

[156] NEWMAN M E J, WATTS D J. Scaling and percolation in the small-world network

model [J]. Physical review E, 1999, 60 (6): 7332.

[157] PAJEVIC S, PLENZ D. The organization of strong links in complex networks [J]. Nature physics, 2012, 8: 429-436.

[158] XU K, ZHAO J, WU J. Weak ties: Subtle role of information diffusion in online social networks [J]. Physical review E, 2010, 82 (1): 016105.

[159] LIU Y Y, SLOTINE J J, BARABASI A L. Controllability of complex networks [J]. Nature (London), 2011, 473 (7346): 167-173.

[160] ERDOS and PAUL. Graph theory and combinatorics [M]. New York: Academic Press, 1984.

[161] CHI L P. Binary opinion dynamics with noise on random networks [J]. Chinese science bulletin, 2011, 56 (34): 3630-3632.

[162] DANIEL B A. Exact solution of the nonconsensus opinion model on the line [J]. Physical review e statistical nonlinear and soft matter physics, 2011, 83 (5): 111-124.

[163] CARMI C, HAVLIN S, KIRKPATRICK S, et al. A model of Internet topology using K-shell decomposition [C]. Proceedings of the National Academy of Sciences of the United States of America, 2007, 104 (27): 11150-11154.

[164] Stanford Large Network Dataset Collection.

[165] DOROGOVTSEV S N, GOLTSEV A V, MENDES J F F. Critical phenomena in complexnetworks [J]. Reviews of modern physics, 2008, 80 (4): 1275.